TIELU ZHIGONG
FANGWUMAI
ZHISHI DUBEN

铁路职工
防雾霾知识读本

《铁路职工防雾霾知识读本》编委会 编

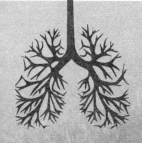

中国铁道出版社
CHINA RAILWAY PUBLISHING HOUSE

北京科学技术出版社

图书在版编目（CIP）数据

铁路职工防雾霾知识读本/《铁路职工防雾霾
知识读本》编委会编. —北京：中国铁道出版社：
北京科学技术出版社，2017.3 （2017.6重印）
ISBN 978-7-113-22839-2

Ⅰ.①铁… Ⅱ.①铁… Ⅲ.①空气污染—污染防
治—手册 Ⅳ.①X51-62

中国版本图书馆CIP数据核字（2017）第025845号

书　　名：铁路职工防雾霾知识读本
作　　者：《铁路职工防雾霾知识读本》编委会　编

策　　划：郑媛媛
责任编辑：郑媛媛　王　藏　张　洁　　　　　电话：010-51873179
封面设计：崔丽芳
责任印制：郭向伟

出　　版：中国铁道出版社（100054，北京市西城区右安门西街8号）
发　　行：中国铁道出版社
　　　　　北京科学技术出版社
网　　址：http://www.tdpress.com
印　　刷：三河市华业印务有限公司
版　　次：2017年3月第1版　2017年6月第2次印刷
开　　本：880 mm×1 230 mm　1/32　印张：6.5　字数：150千
书　　号：ISBN 978-7-113-22839-2
定　　价：18.00元

编 委 会

前言

近年来，雾霾天气越来越频繁。雾霾天气已经严重影响了我们每个人的生活，而更令人担忧的是，每每受到雾霾天的侵袭，不仅能见度差、空气污浊，还对我们的健康有着极大威胁，容易导致呼吸系统疾病、心脑血管疾病、结膜炎、肺癌及抑郁症频发。

对于铁路职工来说，尤其是奋斗在一线的铁路职工，雾霾天更是一个严峻的考验。为了保证运输的畅通无阻，列车的安全运行，以及旅客的人身安全，不管天气怎样恶劣，环境污染如何严重，他们都始终坚守自己的工作岗位，尽职尽责地工作。

对于不断严重的雾霾天，李克强总理在谈空气污染治理时曾说："我们必须有所作为！"但我们不能仅想着依靠环保部门的执法及相关方面的努力，我们作为个体本身，也应该参与进来，加强自我防范意识，将雾霾天对人体的伤害降到最低。

那么，面对频繁来袭的雾霾天气，铁路职工应该如何为自己的健康保驾护航呢？在这里，我们特意编写了《铁路职工防雾霾知识读本》一书，旨在帮助广大铁路职工科学抵御雾霾、排出霾毒。

全书共分为八章：第一章介绍了有关雾霾的基本知识；第二章

至第七章通俗易懂地从生活环境、外出防护、营养饮食、合理运动、健康心理、良好习惯等方面详细讲述了防霾排毒的具体措施；第八章有针对性地介绍了雾霾天里常见病的预防和护理措施。

本书脉络清晰，语言简洁，内容通俗，实用性强，是一本不可多得的防霾指南。此外，书中配有众多精美插图和食谱图片，让人读来赏心悦目，在不知不觉间收获更多防霾排毒的健康知识！

最后，谨以此书献给每一位热爱生活、珍爱健康、勤奋工作的铁路职工！

编　　者

目录

[雾霾来袭，小心PM2.5出没]

雾霾，是雾与霾的组合词。我国不少地区把雾并入霾一起当作灾害性天气现象进行预警预报，统称为"雾霾天气"。在雾霾天气里，PM2.5浓度相对会比平时更高。一项欧盟国家的相关研究表明，PM2.5导致欧洲国家的人们平均寿命相对减少几个月。此外，PM2.5还可成为病毒和细菌的载体，为呼吸道传染病的传播推波助澜。

因此，雾霾来袭，铁路职工要小心PM2.5出没，做好防护工作。

有关雾霾，你知道多少

揭开雾霾的神秘面纱

十几年前，许多人还不认识"霾"这个字，现在，雾霾已经成为众人皆知的一个常用词。近年来，我国很多地区雾霾现象日趋严重，雾霾已成为一种新的灾害性天气现象。那么，到底什么是雾霾呢？其实，雾霾，是雾与霾的组合词。

雾与霾的区别

尽管雾和霾都是一种天气现象，但是"雾"和"霾"是两个不同的概念。

雾是指在空气中的水汽凝结而成的细微悬浮液滴，使地面的能见度下降。在气象学上，凡是大气中因悬浮的水汽凝结，能见度低于1千米时，这种天气现象即称为雾。雾的主要成分90%以上都是水汽，另外一部分就是空气中飘浮着的灰尘。雾的形成有三种常见方法：冷却，加湿，有凝结核（即增加水汽含量）。如果温度较高，空气中可容纳的水汽就会增加；如果温度较低，那么空气中可容纳的水汽就会减少；多余的水汽就会凝结成雾。

霾则是指空气中悬浮着大量的微细颗粒物（俗称"尘埃"）所导致的浑浊天气现象，也是大气遭到严重污染而出现的浑浊天气现象。霾可使水平能见度降低到10千米以下，甚至可降为零。由于霾中微细颗粒物散射波长较长的光比较多，因而霾看起来呈黄色或橙灰色。

雾与霾的相同之处是能见度都很低，两者最大的差别在于水分和颗粒物含量的不同。雾是潮湿干净的空气，湿度达到90%以上；而霾却是相对干燥的空气，湿度通常在60%以下。

霾的主要成分

霾，又称阴霾、灰霾或烟霾，当中含有数百种大气化学颗粒物质，其中最有害健康的是气溶胶粒子，如矿物颗粒物、硫酸盐、硝酸盐、海盐等。那么，雾霾的主要成分究竟有哪些呢？

1. 二氧化硫

二氧化硫是最常见的硫氧化物，也是大气主要污染物之一。我们常见的煤和石油都含有硫化合物，因此燃烧时会生成二氧化硫。二氧化硫被人体吸入呼吸道后，因易溶于水，所以大部分被阻滞在上呼吸道。如果人体每天吸入大量二氧化硫，数小时后支气管和肺部将出现明显的刺激症状。

二氧化硫还可被人体吸收进入血液，对全身产生毒性作用，它能破坏酶的活力，影响人体新陈代谢，对肝脏造成一定的损害。因此，雾霾之所以对人体的危害这么大，就是其中含有大量的二氧化硫。

2. 氮氧化物

氮氧化物指的是由氮、氧两种元素组成的化合物，常见的有一氧化氮、二氧化氮、一氧化二氮、五氧化二氮等。作为空气污染物的氮氧化物，一般指的是一氧化氮和二氧化氮，其中以二氧化氮为主。大气中的氮氧化物除了自然循环排放的以外，大部分来自化石燃料的燃烧，比如汽车、飞机、工业锅炉等燃烧过程以及化肥厂、金属冶炼厂生产过程中排放的。

氮氧化物具有不同程度的毒性，对人体危害很大。氮氧化物会刺激肺部，降低人们对于感冒之类的呼吸系统疾病的抵抗力，还会造成儿童肺部发育受损。

3. 可吸入颗粒物

可吸入颗粒物是加重雾霾天气污染的罪魁祸首。它在空气中持续的时间很长，对人体健康和大气能见度的影响都很大。可吸入颗粒物一部分来自污染源的直接排放，比如烟囱、化工厂、工业锅炉等，一部分由空气中硫氧化物、氮氧化物、挥发性有机化合物和其他化合物发生反应生成。

颗粒物本身就是一种污染物，同时还是重金属、多环芳烃等有毒物质的载体。一旦与雾气结合在一起，就会让天空变得灰蒙蒙，并且对人体的呼吸系统和心血管系统都会造成损害。

 温馨小贴士

大雾天气容易夹杂着较多的灰尘颗粒，如果人长期生活在大雾天气下，呼吸道就容易受到影响，引起尘肺、支气管炎等呼吸系统疾病，因此雾天外出也要做好防护工作。而且，雾会大大降低能见度，影响人们的日常生活，尤其容易引发交通意外，因此大雾天外出要当心。

雾霾是如何形成的

科学研究发现，雾霾的形成有两点前提：一是有利雾霾形成的天气条件，二是有害气体的大量排放。具体来说，雾霾的形成主要有以下两方面的因素。

1. 气象因素

当大气气压低、风速较小、空气不流通时，空气中的微小颗粒容易聚集、飘浮在空气中。如果垂直方向上出现逆温，使得低空的空气垂直运动受到限制，那么空气中悬浮颗粒物就难以向高空和更大范围飘散，而被阻滞在低空和近地面区域，从而形成雾霾。

此外，水平方向的静风现象也有助于雾霾的形成。比如每年一进入秋季，我国中、东部地区的冷空气较少，且强度不大，地面风速较小，这就容易使水汽在大地表层积累，给雾霾天气的形成创造了有利条件。

再者，随着城市的不断发展和扩大，越来越多的高楼矗立，从而起到了阻挡和摩擦作用，让风流经城市区域时风速明显减弱，不利于大气中悬浮颗粒的扩散和稀释，从而使它们更容易在城市及近郊累积，导致雾霾的产生和增多。

2. 空气中悬浮颗粒的增多

雾霾的形成与空气污染物特别是悬浮颗粒物增多密切相关。如果在短时间内排出大量污染物，或连续排出较高浓度的污染物，将导致局部大气污染物浓度的提高。城市人口的增多，地面扬尘增加，汽车尾气排放增加，工厂排污增加和冬季取暖污染物的排放，直接导致了空气中悬浮颗粒的大量增加，使污染物的浓度远高于空气的自净能力，从而加剧了雾霾天气的形成。

 温馨小贴士

秋冬季节是雾霾天气频发的季节，全年有80%的雾霾会出现在秋冬季节。这是由于秋冬季节气温低，地面气压较弱，近地面风力小，如果没有冷空气活动，那么大气层就会比较稳定，使得近地面存在逆温层，逆温层不利于污染物的稀释和扩散，再加上湿度较大的情况下，就会容易形成雾霾天气。

雾霾天特别钟爱大城市

近几年来，雾霾天气频发，并且持续时间很长。比如2013年1

月，我国中东部地区大范围受雾霾天气影响，空气质量明显下降，北京、天津、石家庄、济南等城市空气质量为六级，属严重污染；郑州、武汉、西安、合肥、南京、沈阳、长春等城市空气质量为五级，属重度污染。

其实，雾霾并非我国独有，而是世界性的问题，从20世纪中期以后就在工业污染严重的发达国家陆续出现。

20世纪40年代初，美国洛杉矶发生了"光化学烟雾事件"；1952年冬，英国伦敦发生了"烟雾污染事件"；20世纪60年代初，日本四日市发生了"哮喘事件"。这些均被列入"世界八大著名环境公害事件"。

由此可以看出，严重的雾霾天气多发生在大城市，这是为什么呢？

我们都知道越是开阔平坦的地方，其出现雾霾天气的概率要远远低于河谷、盆地，这是由地理位置所决定的。而大城市里更容易出现雾霾天气，就与这些因素有关。具体包括：城市高楼林立，更容易产生静风现象；城市温室效应，更容易产生逆温现象；城市污染严重，增加雾霾污染物来源。

除此之外，大城市人口密度过高，生活性污染严重，冬季供暖产生的大量空气污染物，大拆大建所形成的建筑扬尘……也会加剧雾霾天气的形成。

我国雾霾比较严重的城市

我国北方城市雾霾污染重于南方城市，如北京、太原、石家庄、天津和乌鲁木齐等，南方城市相对较好，沿海城市较为清洁。在城市中，城区的污染重于郊区。

雾霾污染最严重的地区大部分分布在工业企业较为集中的河北省，如石家庄、保定、邯郸、邢台等地。北京及其周边区域污染物排放总量大，而其地理环境容易形成静风、逆温、大雾等极端不利气象条件，使各类污染物难以扩散而形成雾霾。东北地区的沈阳、长春等市地处平原区，大环境（气候、地形、地势）条件良好，但受城市小气候恶化与大气污染物排放量增加等内外因素的共同影响，可出现长时间的雾霾天气。

具体来说，我国雾霾天气比较严重的城市见表1-1。

表1-1 雾霾天气比较严重的城市

城市	AQI指数	级别	首要污染物
北京市	227	重度污染	PM2.5
天津市	227	重度污染	PM2.5
石家庄市	274	重度污染	PM2.5
唐山市	224	重度污染	PM2.5
邯郸市	272	重度污染	PM2.5
邢台市	258	重度污染	PM2.5
保定市	231	重度污染	PM2.5
沧州市	210	重度污染	PM2.5
衡水市	270	重度污染	PM2.5
晋城市	260	重度污染	PM2.5
包头市	203	重度污染	PM10
乌海市	296	重度污染	PM10
宿州市	231	重度污染	PM2.5
德州市	271	重度污染	PM2.5
聊城市	235	重度污染	PM2.5
滨州市	246	重度污染	PM2.5
菏泽市	219	重度污染	PM2.5
安阳市	238	重度污染	PM2.5
新乡市	232	重度污染	PM2.5
焦作市	240	重度污染	PM2.5

注：数据来源于环境保护部2016年3月18日全国城市空气质量日报。

温馨小贴士

中国气象局于2013年1月组织专家讨论了"霾"的强度标准，建议把"霾"分为轻度、中度、重度三个级别，并以黄色、橙色、红色表示，按照这一标准发布"霾"预警信号。从此中央电视台的气象预报节目里，增添了"雾霾"这个天气图标——"∞"。

哪些因素有助减轻雾霾

雾霾天气形成的直接原因是空气中的污染物无法扩散，聚集在一个小的范围内。一般情况下，雾霾可以分为以下三个等级。

轻度霾：空气相对湿度小于等于80%，能见度大于5千米且小于10千米。

中度霾：空气相对湿度小于等于80%，能见度大于2千米且小于等于5千米。

重度霾：空气相对湿度小于等于80%，且能见度小于等于2千米。

那么，哪些因素有助于减轻雾霾，避免重度雾霾的产生呢？

1. 大风

我们常看到这样的现象，连续灰蒙蒙的雾霾天气怎么都挥之不去，只要刮一场大风，雾霾就乖乖地散去了。的确，刮大风有助于减轻雾霾。因为在刮风时，大气水平和垂直的对流运动增强，空气中的污染物和雾气很快就被吹散，大气的自净能力加强，雾霾天气好转。

2. 降水

通常情况下，秋冬季节雾霾天气出现得比较频繁，而夏季很少出现雾霾天。这是为什么呢？因为秋冬季节，气候干燥，空气相对湿度很低，不利于污染物的扩散。而夏季潮湿多雨，降水多而频繁，有助于让雨水冲刷、夹带空气中颗粒物沉降下来，大气中的尘埃总量会明显下降，在一定程度上起到净化空气的作用，同样也能适当减轻雾霾。

3. 纵向扩散

正常情况下，平均每升高1 000米，大气温度下降6.5℃。如果一座城市上空的空气保持这种状态，那么污染物没有理由留在近地面，一定会扩散到高层大气中。这就是为什么有时候我们早上起床会发现空气变得清澈，而昨天晚上没有刮过风。

 温馨小贴士

路边的烧烤、炭火熏烤、煎炸肉类等，在烹饪过程中，各种燃料在灶具中燃烧，加之孜然、胡椒、辣椒等调味品的使用，会产生氮氧化物、二氧化硫、一氧化碳、粉尘，以及未完全燃烧、氧化的烃类等油烟，大量向大气中排放，造成污染。因此，减少烧烤、煎炸等活动也有助于雾霾天气的形成。

5～10时，雾霾污染很严重

据环保部门监测的数据显示，清晨5时至10时的雾霾污染比较严重。午后污染物的浓度值会逐渐下降至谷底，然后夜间又逐渐上扬，直至次日的清晨，呈一个周期性的变化。因此，建议大家不要在此时间段外出晨练，如必须外出，也要佩戴好口罩。

简单来说，造成这一时间段雾霾严重最主要的原因有以下两点。

1. 受逆温现象影响

大气逆温变化通常是从夜间开始，清晨达到最大，然后逐步减退，直到中午左右消失。而逆温现象会严重影响大气污染物的扩散能力，导致空气污染物的累积，从而使得雾霾的污染程度也就随着逆温现象出现规律性的变化。

2. 受污染物集中排放影响

早晨是污染物排放的集中时段。各种饮水炉灶集中排放污染物，而机动车和行人出行密集，尤其是机动车的尾气排放量较大，废气污染和扬尘污染都比较严重。

 温馨小贴士

影响空气质量的因素有很多，如污染物的物理性质、化学性质；污染源的强度、高度、温度、速度；多种气候因素的影响；还有地表状态，包括起伏、粗糙的程度、温度等。

小心 PM2.5 出没

PM2.5竟比发丝小近30倍

雾霾天气出现后，PM2.5这个新名词也随之跃进人们的视野。后来，它就随着雾霾天，阴魂不散地缠着人们而被关注。那么，到底什么是PM2.5呢？

　　我们通常所说的"尘埃"，科学名称叫"大气颗粒物""颗粒物"的英文是particulate matter，缩写就是PM。PM2.5就是在空气中的直径为小于或等于2.5微米的所有固体颗粒的总称。

　　可能很多人听到这个概念后，依旧觉得很抽象，也无法理解2.5微米究竟有多小。在这里，我们给大家举个事物来比较就很好理解了。通常情况下，我们的发丝直径在70微米左右，比PM2.5大了将近30倍。换句话说，PM2.5颗粒就是要比我们头发直径还要小30倍的颗粒。

　　PM2.5的组成成分很复杂，不同的时间和空间会有不同的成分组成，春夏秋冬四季各有不同，山区、郊区和城区也会不一样。来自自然界的扬尘、花粉、细菌与人为因素产生的烟尘、汽车尾气排放是PM2.5的两大来源，自然界的PM2.5对人体影响不大，会对健康造成极度危害的PM2.5是人类生产活动所产生出来的。

　　目前，科学家常用PM2.5来表示每立方米空气中直径小于2.5微米的颗粒的含量，这个值越高，则表示空气污染越严重。空气能见度越低对人体健康的影响越大。

 温馨小贴士

　　我们每个人的微小行动都与环境质量密不可分，从身边小事做起，从现在做起，大力倡导绿色消费和低碳生活，为减少雾霾和PM2.5污染作出应有的贡献。

PM2.5与雾霾有何关系

　　如今，一看到灰蒙蒙、脏兮兮的天气，人们就会去了解当天PM2.5

的数值，这可能已经成为很多人的习惯。那么，究竟PM2.5代表什么呢？它是否就等同于雾霾呢？如果不是，它跟雾霾之间又有什么关系？

雾霾≠PM2.5

说到PM2.5，很多人会有概念上的误解，认为PM2.5就是雾霾，两者就是同一种事物。其实，PM2.5并非雾霾的"代名词"，雾霾≠PM2.5。PM2.5是指直径小于或等于2.5微米的颗粒物，而雾霾天气是一种大气污染状态，雾霾是对大气中各种悬浮颗粒物含量超标的笼统表述。

准确地说，雾霾与PM2.5是一个包含与被包含的关系。雾霾里包含有PM2.5，但PM2.5不等同于雾霾，只是雾霾里的一种特别的、有害的细小颗粒。当然，PM2.5对雾霾天气的形成有促进作用。PM2.5浓度增加，会直接导致雾霾的形成和雾霾中有害物质浓度的提升，而雾霾天气又能进一步加剧PM2.5的积聚，所以两者往往相互作用，形成恶性循环。

 温馨小贴士

扬尘或沙尘暴天气同样可引起悬浮颗粒物增加及空气能见度的降低。不过，这两者与雾霾的最大不同之处在于，扬尘和沙尘暴天气时，空气中的颗粒物为尘土等大颗粒物，并且伴有风力的明显增大，空气比较干燥，其对人体的危害远远小于雾霾。

PM2.5的主要成分有哪些

可以说，PM2.5是构成霾的主要成分，对人体的伤害最大，是导致雾霾天气的"罪魁祸首"。那么这个狠角色究竟是由哪些物质组成的呢？

1. 有机化合物

有机化合物的主要成分有挥发性有机物、多环芳烃等，还有元素碳、有机碳、微生物（如细菌、病毒、真菌）等。其中有机碳和碳化合物是组成PM2.5的主要成分，这些碳的成分在雾霾里少量以一氧化碳、二氧化碳气体的形式存在，更多的是以各种碳化合物的形式附在颗粒上面。

2. 水溶性物质

在PM2.5里，水溶性矿物质也是重要的组成成分，其主要包括硝酸盐、硫酸盐、铵盐等细微颗粒。

3. 金属元素

PM2.5还含有金属元素，如铁、铅、钒、镍、铜、铂等，同时还可吸附有机物如苯、二甲苯、苯并芘、二氧化硫和氮氧化物等，使PM2.5的组成更加复杂，并且可对部分有毒、有害物质产生协同作用，增加有毒、有害物质对人体的损害。

 温馨小贴士

表1-2为PM2.5指数24小时浓度值所对应的空气质量，及对健康的影响和户外活动建议。

表1-2　PM2.5指数与相关影响

24小时浓度值	空气质量	对健康的影响	户外活动建议
0~35	优	空气质量令人满意	积极参加户外活动
35~75	良	空气质量可接受	正常参与户外活动
75~115	轻度污染	易感人群症状有轻微加剧	适当减少户外活动
115~150	中度污染	易感人群症状加剧，正常人群呼吸系统等受到影响	尽量不要户外活动
150~250	重度污染	心肺症状显著加剧，健康人群出现症状	停止户外活动
250~500	严重污染	症状明显，疾病来袭	在家里不要出去

远离PM2.5的"高危地带"

PM2.5虽然及其微小，但不容忽视，因为它粒径小，面积大，活性强，更易附带有毒、有害物质，因此对人体的危害很大。一项欧盟国家的相关研究表明，PM2.5导致欧洲国家的人们平均寿命相对减少几个月。此外，PM2.5还可成为病毒和细菌的载体，为呼吸道传染病的传播推波助澜。

因此，日常生活中，铁路职工要远离PM2.5的"高危地带"。那么，PM2.5在哪些情况下会经常出没呢？

1. 吸烟室

烟草产生的烟雾中含有大量的PM2.5。在车站、办公区等地方设立的吸烟室，没有禁烟区的餐厅以及烟雾缭绕的房间，其空气中的PM2.5浓度比室外高出很多倍。据监测数据显示，在一间密闭的室内，如果有人吸烟的话，PM2.5里的微颗粒物有90%以上源自二手烟，并且PM2.5的浓度至少是室外的3倍。

专家建议：吸烟者要注意自己的行为，不吸烟的人尽量远离吸烟室。

2. 公园

公园一直是人们的休闲圣地，现在很多人尤其是中老年人，早晨喜欢去公园锻炼身体，晚饭后习惯到公园里散步。殊不知，公园也是PM2.5"高危地带"之一。据相关研究数据表明：早晨雾气未散，夜晚空气不通畅，空气中灰尘普遍沉淀下来，这两个时段的PM2.5浓度是一天里最高的。

专家建议：喜欢去公园锻炼的铁路职工，一定要等到太阳出来后再去，尽量错开污染严重的时段。

3. 阴霾天

在阴霾的天气里，PM2.5浓度相对会比平时更高。这些微小的颗粒物含有大量的毒害物质，在空气中的漂浮时间长，想要完全避开它们几乎不可能。如果吸入PM2.5颗粒的时间过长、数量过多，将会影响肺功能，容易使人体处于缺氧状态。肺部沉积过多的PM2.5颗粒可导致尘肺病，如果吸入的PM2.5颗粒含有大量的有毒成分则会诱发肺癌。

专家建议：阴霾天气尽量不要外出，即使有事必须外出，也要戴上口罩，做好防护工作。

4. 打扫灰尘时

在室内的灰尘里含有较多PM2.5颗粒，这时如果用扫把和鸡毛掸打扫，容易把灰尘扬起来，吸入鼻子里。像我们日常抖被子的动作，也会有很多飘浮物浮起来。

专家建议：打扫卫生时，应该闭上嘴巴，不要一边打扫卫生，一边跟人聊天。此外，打扫前，最好先在地上洒上水，以减少灰尘里PM2.5的扬起。如果能用吸尘器代替鸡毛掸和抖被子的动作就更好了。

5. 炒菜时

不少主妇在炒菜时吸入了某些气体后，会有咳嗽、呛鼻、流泪的反应，有些人还感到咽喉部位有疼痛的感觉，十分不舒服。其实，这是吸入了油烟和煤气废气中的PM2.5的缘故。

专家建议：为了降低厨房油烟、煤气废气中的PM2.5对主妇们的伤害，建议烹饪时打开窗户和抽油烟机，当然及时佩戴口罩则更好。

6. 春节时

过春节时，我国大部分地区都有燃放烟花爆竹的习俗。殊不知，集中燃放烟花爆竹的几个小时内，如果没有雨雪，风也不大，燃烧烟花爆竹的区域空气会达到重度污染。鞭炮和烟花里的火药被引燃后，这些物质便发生一系列复杂的化学反应，产生二氧化碳、一氧化碳、二氧化硫、一氧化氮、二氧化氮等气体以及PM2.5等污染物。

北京市环保局的监测数据显示，燃放烟花爆竹对PM2.5浓度的影响非常大。除夕夜燃放烟花爆竹，部分地区PM2.5浓度急剧上升，一度达到惊人的1 500微克/立方米以上，造成局部重度污染。

专家建议：在热闹的春节里，为了自身健康和安全，我们要尽量远离燃放烟花爆竹的区域。

请警惕，雾霾危害人体健康

雾霾看起来很温和，没有狂风暴雨那么刺激，没有沙尘暴冰雹那么残酷，甚至带给人一种朦胧的美感。但是千万不要被它的表象所迷惑，气象专家指出，仅仅从对交通和人们身体健康的影响上来看，雾霾其实比暴雨、沙尘暴，甚至比狂风和冰雹的伤害力都大。

从健康方面来说，相关专家指出，污染较轻时，首先对易感人群，即儿童、老人、呼吸系统疾病及心血管疾病患者产生影响。随着雾霾的增加，污染也不断增加，继而影响到全体人群。

那么，雾霾对人体健康有什么危害呢？

易引发呼吸系统疾病

毫无疑问，雾霾对人体的危害，首当其冲的便是呼吸系统。雾霾中的有害颗粒能直接进入并黏附在呼吸道和肺泡中，引起急性鼻炎和急性支气管炎等病症，如不及时治疗，很容易转为肺炎。如果恰逢流感等呼吸道疾病流行期，雾霾天气将会进一步促进此类疾病的发生与传播。

雾霾尤其对儿童呼吸道伤害更严重。因为儿童的呼吸道非常脆弱，婴幼儿还没有鼻毛屏障，鼻腔比成人短，弯曲度没有成人大，因而有害物质更容易入侵细支气管和肺泡，引发呼吸道疾病。

此外，对于患有支气管哮喘、慢性支气管炎等疾病的人群，雾霾天气可使病情急性发作或急性加重。

世界卫生组织（WHO）2013年公布了人类十大死因（见表1-3），其中包括下呼吸道感染、慢性阻塞性肺病（慢阻肺）与气管、支气管癌和肺癌三类呼吸系统疾病，占死因总数的14%，而这些均与空气污染有关。

表1-3　世界卫生组织2013年公布的人类十大死因

排名	死因	死亡率/年	占比（%）
1	冠心病（心血管疾病）	700万	12.9
2	脑卒中（中风）（脑血管疾病）	620万	11.4
3	下呼吸道感染（呼吸系统疾病）	320万	5.9
4	慢性阻塞性肺病（呼吸系统疾病）	300万	5.4
5	腹泻（消化系统疾病）	190万	3.5
6	艾滋病毒／艾滋病	160万	2.9
7	气管、支气管癌和肺癌（呼吸系统疾病）	150万	2.7
8	糖尿病	140万	2.6
9	道路交通事故	130万	2.3
10	早产	120万	2.2

易引发结膜炎

雾霾天空气中的悬浮颗粒物附着到眼角膜上，可引起结膜炎，其症状主要表现为：眼睛干涩、酸痛、刺痛、红肿和过敏。虽然结膜炎通常不会影响视力，但也很难自行缓解，严重者需要到医院进行专业治疗。因此，一旦出现频繁眨眼、眼内有红血丝、眼睛发痒或者疼痛时，应及时就诊。对于一般的眼部不适，可采用冷敷的方法缓解不适症状。

易诱发心血管疾病

雾霾天气对心血管的影响也很大，因此铁路职工必须重视雾霾这一心血管健康的"隐形杀手"。雾霾会阻碍正常的血液循环，导致心血管病，如高血压、冠心病、脑卒中，也可能诱发心绞痛、心肌梗死、心力衰竭等，还可使慢性支气管炎患者出现肺源性心脏病。

雾霾天多发生在潮湿寒冷的日子里，随着潮湿寒冷的雾气突然被吸入温暖的人体，体内的血管无法适应突如其来的低温刺激，很容易发生血管痉挛。再者，一些高血压、冠心病患者从温暖的室内突然走到湿冷的室外，血管遇冷收缩，可使血压升高，导致脑卒中（中风）与心肌梗死的发生。

另外，浓雾天气压比较低，人会产生一种烦躁的感觉，血压自然会有所增高。

加重吸烟的危害

烟草燃烧产生的烟雾的成分主要有尼古丁（烟碱）、烟焦油、氢氰酸、一氧化碳、丙烯醛和一氧化氮等。据检测，一支香烟燃烧后可产生7 000多种化学物质，其中气态物质占烟气总量的92%，颗粒状物质占8%。不同来源的污染物叠加，协同作用于机体，更加剧了污染的危害。

易诱发心理问题

心理学家研究发现，持续雾霾天气对人的心理有不良影响。严重的雾霾遮蔽阳光，会给人造成沉闷、压抑的感受，会加剧心理抑郁的程度。于是，很多人会觉得心口发闷，心里堵着一口气，无处发泄。

此外，如果雾霾严重，会使人呼吸不畅，全身出现莫名的不适感，严重影响认知能力、判断力和行为力，以及情绪的稳定性，甚至导致精神失常。

第二章

[营造绿色环境 巧防雾霾]

在雾霾天气肆虐的情况下，家里要是不摆台空气净化器，出门要是不带个口罩，人们就会觉得自己的健康受到了威胁。其实，对抗雾霾、净化空气，除了戴口罩和使用净化器外，还有很多方法。比如选择合适的油烟机、种些花花草草、减少吸烟等，只要我们用点心思，努力营造一个绿色的环境，就可以防止雾霾的侵袭。

雾霾天还能开窗通风吗

生活中，很多人喜欢开窗通风，甚至有的人晚上不开窗，一夜都睡不着觉。从科学角度来说，经常开窗通风换气有利于身体健康。然而，在雾霾天里，室外PM2.5浓度很高，如果开窗的话，无疑室内的PM2.5值也会升高。那么，是不是雾霾天就不能开窗了呢?

雾霾天也要开窗

雾霾天室外的空气污染明显比室内严重，于是很多人常常窗户紧闭，生怕室外的污染物进入室内，危害人体健康。其实，雾霾天也要开窗通风。

首先，室内污染物有很多，家具甲醛污染、厨房油烟、卫生间细菌、人正常呼吸排出的废气……密闭空间很容易让这些污染物累积，对健康影响也很大。

其次，如果长时间不开窗，室内的空气得不到有效流通，微生物就会大量繁殖，当致病菌达到一定程度，人就很容易生病。据测算，以80平方米的房间为例，在无风或微风的条件下开窗20分钟左右，可以使致病微生物减少约60%。所以，定期开窗通风，可以预防很多呼吸道传染病。

此外，室内长时间不通风，就会使二氧化碳的浓度上升，含氧量下降。在这样的环境里待的时间超过两个小时，人就会产生昏昏欲睡、头昏脑涨、呼吸困难的症状。

所以，健康专家提醒，雾霾天气里也要开窗通风，不过要注意技巧和方法，减少污染物的入侵。

雾霾天开窗有技巧

1. 选择合适的时间段

开窗的时间需要有所选择。如果有条件的，可以在家里准备一个监测PM2.5的设备，选择在PM2.5浓度比较低的时间段开窗。如果没有设备，只能通过目测，尽量选择污染浓度比较小的时候开窗。

雾霾天气里最佳的开窗时间是有太阳的时候。一般正午12点左右，阳光最强，雾霾多少会散去一部分，其浓度也会降低，这时开窗比较合适。其次，夜间9点以后，感觉到有阵阵凉风时，PM2.5的浓度也会随之降低，这时开窗能有效更换新鲜空气。

2. 开窗时间不宜过长

雾霾天气里，开窗的时间要稍微短些，不能像往常一样长时间保持室内外通风的状态。专家建议，可以在正午12点左右和21点以后各开窗约30分钟，也可每隔两个小时打开窗户通风15分钟。

3. 不宜把窗户完全打开

雾霾天气里，不宜把窗户完全打开。正确的方法是将窗户开一条拳头宽的小缝，然后用风扇或通过抽风机在小缝边上抽风，把室内沉闷的空气抽出室外。

4. 在窗户附近挂上湿毛巾

如果遇到连续雾霾天，通风换气时可在纱窗附近挂上湿毛巾，这样能够起到过滤、吸附污染物的作用。此外，在开窗时间有限的情况下，使用加湿器、在暖气上放湿毛巾等，都是吸附细小灰尘可取的办法。

5. 及时清洁窗帘

窗帘作为室内与室外的隔离层，无论是在平常的日子里，还是雾霾天气里，都是污染物侵袭的首要对象。每次雾霾天气结束后，大量的颗粒污染物都会滞留在窗帘上。这时候，只要稍微有微风拂过，这些颗粒就会随风飘入室内，其中包括大量的PM2.5。因此，为了避免室内的二次污染，每次雾霾天气结束后，我们都要及时清洁窗帘。

 温馨小贴士

在室外恶劣天气的影响下，微小颗粒会通过密封性差的门窗进入室内，这是产生室内PM2.5的一个很重要的途径，使用密闭性更高的门窗有利于室内污染值的降低。因此，更换门窗时一定要选密闭性好的，隔音隔尘一举多得。推拉窗密闭性较平开窗差，更换时应尽量选择平开窗。

选对空气净化器有助防霾

雾霾天气下，细颗粒物会通过密封性差的窗户进入室内，污染室内环境。并且，雾霾天不能长时间开窗，室内的空气质量会下降。在这样的情况下，不少人会想到使用空气净化器。空气净化器又称"空气清洁器"，是指能够吸附、分解或转化各种空气污染物，包括PM2.5、粉尘、花粉、异味、甲醛之类的大气污染物、流行性细菌和过敏原，且能有效提高空气清洁度的产品。

一般来说，利用过滤材料去除微粒，利用活性炭吸附净化挥发性有机化合物，以及利用合适的催化剂净化甲醛是有科学根据的。因此，雾霾天使用空气净化器可起到一定的净化作用。

不过，如今市场上的空气净化器品牌琳琅满目，宣传噱头也各有不同，那么到底该选择哪一款产品呢？

净化器的种类

一般而言，室内空气净化器是由壳体、净化部分、风机、电控四个部分组成，起主要作用的是净化部分和风机。市场上供应的空气净化器根据工作原理，大致可分为以下几种。

1. 机械式

机械式空气净化器采用多孔性过滤材料如无纺布、滤纸和纤维材料等（通常为活性炭和高效纤维两层），把气流中的颗粒物截留下来，使空气得到净化。此类净化器能起到过滤粉尘、异味、有毒气体和杀灭部分细菌的作用。根据过滤材料的不同又分为集尘滤网、去甲醛滤网、除臭滤网、HEPA滤网等。

特点：风机的功能及滤网的质量决定了净化效果，机器放置及室内布局会影响净化质量，滤网更换费用较高。

2. 静电式

此类净化器以静电吸附为主要净化手段，即运用静电释放负离子，吸附空气中的粉尘，起到降尘的作用，同时负离子对空气中的氧气也有电离成臭氧的作用，对细菌有一定的杀灭效果。

特点：这类产品成本低，但对苯、甲醛等室内装修产生的有害物质净化能力弱。

3. 复合式

此类净化器是将电子式与过滤式结合起来，功能较齐全。它先通过高压电场和聚乙烯纤维吸附和过滤颗粒物，然后再通过活性炭或分子筛吸附有害气体，净化空气的效果较好。

特点：它综合了前两种净化器的优点，其主要的过滤材料需清洗，无须更换，但价格偏高。

4. 光触媒式

此类净化器以光触媒为主要净化手段，通过光触媒和强紫外线，将空气中的有害物质经化学作用分解成水和二氧化碳。

特点：必须在光照下才能起到净化空气的作用，对病毒及细菌的杀灭效果有限。

此外，按装配方式的不同，空气净化器可分为壁挂式、吊挂式、吸顶式、落地式、台式等多种。

壁挂式空气净化器，造型朴实而美观，适用于家用住宅和中小型事务所等。吊挂式空气净化器外形设计采用薄型盒式结构，可吊挂、壁挂两用，适用于普通的商店、办公室等场所。吸顶式空气净化器，可将机器固定在房间，具有较为理想的室内装饰感。落地式空气净化器大多数采用前开门式结构，适用于医院、病房、会议室等场所。

空气净化器的选购

如今，市场上的空气净化器已基本属于复合型，如既有HEPA滤网，又带有静电吸附功能，或是有光触媒。在购买前，我们一定要先了解各种空气净化器的优缺点，再根据自己的需要选购一款适合的空气净化器。

具体来说，选购空气净化器要注意以下几点。

1. 根据使用面积选购

购买净化器，首先要根据使用场合和面积大小进行选择。如果房间较大，应选择单位时间净化风量大的空气净化器。一般来说，体积较大的净化器能力更强。普通家庭用3立方米/分钟的足以。具体的计算方法为：每人25立方米／小时换气量。

2. 根据需求选购

选购空气净化器不要盲目看广告，也不要盲目追求高价位，应根据实际需求购买。

如果室内烟尘污染较重，可选择除尘效果较佳的空气净化器。HEPA高密度过滤材料是当前室内空气净化领域最先进的空气过滤材料之一。如果室内烟尘较少，则可考虑采用等离子空气净化器，它对空气中的细菌病毒有较强的杀灭作用。

3. 看噪声大小

要选购噪声小的空气净化器，噪声太大的话会影响人的心情，令人生厌。

4. 选择自动型

此类净化器设有污浊感应器，可自动检测空气的污浊程度，自动运行。当空气污浊程度大时，自动进入强档状态；空气状况有所改善后，就转入标准工作状态；空气彻底清新了，机器就会自动停止工作，使用起来很方便。

5. 选购大品牌

选购空气净化器时，尽量在大型商场、电器商店、品牌专卖店和主流电子商务网站等正规渠道购买正规的、符合3C认证的大品牌空气净化器，这样能避免购买到赝品。此外，我们选购空气净化器也应该尽可能选购大品牌、口碑好的产品，从安全问题上杜绝隐患。

除此之外，还要注意这几点：选购过滤材料好的产品，良好的过滤材料（如HEPA高密度滤材）吸附0.3微米以上污染物的能力高达99.9%。随着净化过滤胆趋于饱和，净化器的吸附能力将下降，应选择具有再生功能的净化过滤胆。空气净化器的进出风口有360°环形设计的，也有单向进出风的，若在产品摆放上不受房间格局限制，则应选择环形进出风设计的产品。

 温馨小贴士

正确使用空气净化器小技巧

◆一般情况下，空气净化器没必要保持24小时运转。如果空气质量很好，就不要长时间开启空气净化器。在雾霾天气里，应该保证空气净化器运行4小时以上。

◆要及时做好净化器的清洁和保养，安装了清洗信号灯的净化器，信号灯亮时表示集尘已满，要清洗集尘极板。

◆空气净化器使用时摆放的位置也很重要，尽量不要靠墙壁或家具摆放，最好放在房屋中间，或在使用时离开墙壁1米以上的距离。不管是什么类型的空气净化器，在使用时都要避免风口正对着人。

◆空气净化器运行初期，建议开启最大风量档并保持运行至少30分钟后，再调至其他档位，以达到快速净化空气的效果。

吸烟会使室内 PM2.5 狂飙

生活中，很多铁路职工有抽烟的习惯，甚至把这种"吞云吐雾"当作人生享受，殊不知，这样的享受有害身体健康。

抽烟与PM2.5

研究发现，在有人吸烟的室内，来源于二手烟的微颗粒物约占室内PM2.5总量的90%左右。烟尘颗粒的粒径几乎都等于或小于2.5微米。因此，吸烟者一口香烟吸进去的颗粒，几乎100%都属于PM2.5。

尤其是在雾霾天，不能长时间开窗通风，室内空间通风性能不好，只要有人吸烟就会导致PM2.5的浓度快速增加，PM2.5微小粒子能穿过肺泡进入血液，影响身体健康。研究发现，吸进大量的PM2.5会大大提高致癌的风险。事实也的确如此，吸烟也是罹患肺癌的重要原因。

世界卫生组织公布，如果一个人吸烟指数大于400，就可以定义为肺癌的高危人群。那么，如何判断自己吸烟的指数呢？很简单，只需将一个人每天吸烟的平均支数乘以吸烟年限即可。举个简单的例子，如果一个人每天吸30支烟，已经有15年的吸烟史，吸烟指数就是30×15=450。根据计算出来的指数，我们就可以知道自己的肺部健康与罹患肺癌概率的大致关系。

因此，在雾霾天，铁路职工要少抽烟，尤其不要在室内抽烟。

如何减少抽烟的危害

1. 吸烟后应及时洗脸

吸烟吐出的烟雾中含有很多毒素，这些毒素中的一部分会吸附在皮肤上，因此吸烟后应及时洗脸。

2. 积极锻炼身体

养成运动锻炼的好习惯，尤其应加强肺部锻炼，如腹式呼吸、扩胸运动等，增加肺活量，促进肺脏健康。

3. 不在室内抽烟

尽量不在室内吸烟，不要让家人受到二手烟的毒害。

4. 少吃油腻食物

吸烟可使血管中的胆固醇和脂肪沉积，所以吸烟者平时应少吃富含胆固醇与饱和脂肪酸的食物，并且应增加一些能够降低或抑制胆固醇合成的食物，如蔬菜、水果、粗粮等。

5. 不要在饭后吸烟

饭后胃肠蠕动加强，血液循环加快，同时人体吸收烟雾的能力也进入"最佳状态"，烟中的有毒物质比平时更易进入体内。饭后吸一支烟的中毒量，大约相当于平时吸10支，所以不要在饭后吸烟。

6. 不要再吸掐断的香烟

有的吸烟者为减少吸烟量会吸到一半，将香烟掐断留到下次再吸，这种看似减少吸烟的行为可能会使身体吸入更多的有害物质。因为烟掐灭后会形成炭化烟，这部分聚集着较多的焦油和有害物质，同时吸烟时需付出比正常吸烟多几倍的力量，会把更多的有害物质带入体内。

警惕二手烟

不仅吸一手烟会影响自己的身体健康，吸烟过程中产生的"二手烟"还会影响身边人的健康。众多研究表明，儿童长期吸入二手烟会影响呼吸系统发育，增加患气管炎、肺炎、哮喘的概率，还影响儿童的神经系统发育，易造成智力低下。

女性长期接触二手烟衰老得更快，出现皮肤灰暗、面容憔悴、皱纹横生等皮肤问题，还容易引起生理周期紊乱，出现月经不调、痛经、绝经期提前等不适。

孕妇接触二手烟，可增加孕期患癌及妊娠合并症（如妊娠高血压、妊娠糖尿病）的发病率，并且二手烟中的有毒物质可通过胎盘危害胎儿发育，易造成早产、流产、发育畸形等恶果。

老年人长期吸入二手烟易患冠心病、慢阻肺、哮喘、支气管炎、肺癌等疾病，并且经常与二手烟接触的老年人患上老年痴呆症的概率大大增加。

 温馨小贴士

吸烟时产生的"二手烟"和空气中的有害颗粒物会附着在人的头发、皮肤、衣服、地毯、沙发和汽车座套上，这些污染称为"三手烟"。当老人和孩子接触到这些受到"三手烟"污染的物品后，就会在无形中受到有毒物质的侵害。因此，为了自己和家人的健康，最好尽快戒烟。

厨房油烟也是 PM2.5 的来源

生活中我们都看到过这样一种现象：厨房的玻璃几天不擦就会沾满油和灰，干净的纱窗过段时间不清理就会出现一层黑色油垢，

这些都是油烟的杰作。厨房里的油烟也是升高室内PM2.5的主要来源之一。

油烟与PM2.5

据中国科学院大气物理研究所研究统计，在北京雾霾天气里，烹饪油烟对PM2.5的"贡献率"可高达13%，相当于"北京地面扬尘"与"工业排放"占比的总和。

科学研究发现，烹调确实能产生大量的PM2.5，尤其是油炸、炒菜时，PM2.5则迅速飙升8倍到20倍，达到严重污染甚至爆表的级别，其中炒菜产生的PM2.5最多，5分钟内PM2.5数值就从开始时的38微克/立方米增加到了787微克/立方米。

油烟中除了含有大量的PM2.5外，还含有大量挥发、半挥发有机气体污染物，其质量浓度与油烟颗粒物在同一数量级。除了对空气质量有影响，炒菜产生的油烟也将危害身体。因为油烟里有苯并芘、杂环胺等大量致癌物质，吸附粘到PM2.5上，被人体吸入后容易引发肺癌、胃癌等。

国际健康组织协会调查研究表明，女性长期在厨房做饭时接触高温油烟，会使其患肺癌的危险性增加2～3倍。在不吸烟女性的肺癌危险因素中，超过60%的女性有长期接触厨房油烟的情况，且做饭时经常伴随有眼和咽喉的烟雾刺激感；而32%的女性则有在门窗紧闭的厨房里用高温油煎炸食物的习惯。

由此可见，油烟以及其产生的PM2.5会危害人体健康，会增加人们罹患肺癌的危险。因此，在雾霾天气里，为了身体的健康，铁路职工要远离油烟污染。

对付油烟有妙招

在厨房烹调不可避免地会产生油烟，要想减少PM2.5的吸入、减少油烟的危害，在烹调时，铁路职工要注意以下几点。

1. 开窗通风

做饭时最好开窗通风，让空气产生对流，做饭后也要继续开窗通风至少10分钟，避免油烟沉积在家中。特别是在冬季不要因为担心冷空气入侵而紧闭门窗，做饭时也应开窗通风。

2. 开启抽风系统

现在，很多人在厨房里都装有抽风系统。可是，很多人在烹饪时却习惯只打开抽油烟机。专家建议，在阴霾天气里，应该最大程度地开启厨房的抽风系统。此外，在条件允许的情况下，烹饪食物时同时打开抽油烟机和抽风系统，并在厨房门口放置一台风扇，可以最大程度地将油烟排到室外。

3. 烹饪时佩戴口罩

阴霾天气里，在厨房密闭的空间内烹饪时宜佩戴口罩。因为在这样重度污染的空气里，本身室内PM2.5的浓度就增高，再加上厨房产生的油烟，使厨房PM2.5的浓度很可能大于室外PM2.5的浓度。

4. 保持厨房卫生

厨房产生的油烟冷却后，就会凝聚在纱窗、玻璃、抽油烟机、瓷砖上，当再次做饭局部温度升高时，油垢就会受热漂浮在空气中。所以，每次做完饭后，要及时清理一下厨房，并且定期清洁玻璃、纱窗、抽油烟机、排风扇。

选对烹调方式

油烟浓度的大小和平常所用的烹饪技巧息息相关。很多时候，我们只要改变一下烹调方式，就能减少油烟的产生，避免油烟对身体的伤害。易产生油烟的烹调法和不易产生油烟的烹调法见表2-1。

表2-1　易产生油烟的烹调法和不易产生油烟的烹调法

	易产生油烟的烹调法
煎炸	薯片、鱼排、油条、麻花、炸鸡、炸藕合、炸带鱼、煎牛排等油煎油炸食物，色美味香，受到很多人的喜爱。殊不知，煎炸食物是最容易产生油烟的，厨房里的空气污染指数可以在短短几分钟内飙升为重度污染，长时间煎炸食物对身体的伤害不低于呼吸汽车尾气
爆炒	中国人炒菜喜欢先爆香佐料，这样烹调出来的菜肴滋味更加香浓，但爆香的过程中PM2.5的浓度会急速上升。此外，很多人偏爱爆炒，过高的温度产生更多的油烟，PM2.5同样可以在短短几分钟内攻占整个厨房
烧烤	烧烤被称为燃煤、汽车尾气、工地扬尘之后"典型的空气污染源之一"，在家里烧烤，PM2.5的浓度可以在短时间内达到未点火之前的数十到数百倍
	不易产生油烟的烹调法
煮	采用煮的方法烹调食物，PM2.5上升最不明显，整个烹调过程中PM2.5的浓度只轻微上升十几微克/立方米，对空气污染的影响可以忽略不计
蒸	采用蒸的方法烹调食物，油烟产生较少，PM2.5上升也不明显，还可以保留食物中的营养价值，适宜主妇们经常采用
凉拌	不论是生拌还是熟拌，都能避免油烟的产生，同样可以保留食材中的大部分营养素，是很健康的烹调方法

如何炒菜少油烟

厨房油烟主要是在炒菜过程中产生的，即便采用蒸、煮、拌的方式更为健康，但炒菜仍是大多数烹饪菜肴的首选方式。那么，炒菜时如何减少油烟的产生呢？

1. 不要把油烧冒烟

过去使用的烹饪油在130°就开始冒烟，而现在烹饪油的冒烟点一般在200°左右，日常炒菜合适温度为180°，不用等到油冒烟再放菜。这样菜会让烹调油迅速降温，从而避免温度过高产生油烟，同时也能较好地保留菜中的营养素。

2. 开火的同时打开抽油烟机

很多人在烹调时习惯等到油烟大量产生后才开启抽油烟机，殊不知，在产生油烟之前，烹饪油受热已经产生了有害物质，加上燃气燃烧产生的废气也会对人体造成伤害。所以，最好在开火的同时打开抽油烟机，等炒菜完成后还需继续开5分钟，这样抽油烟机才能最大程度地抽掉油烟。

3. 食物先焯水再炒

肉类食物在炒之前可以先焯一下水，以减少脂肪。不易熟或易吸油的蔬菜在炒之前先焯一下水，可减少烹饪油的使用。另外，炒蔬菜时还可以沿锅边加一点儿水，然后盖上锅盖焖一会儿，再略微翻炒，这样不仅能减少烹饪油的使用，而且熟得也快。

4. 尽量少放油

做荤素搭配的炒菜时，应尽量少放油，利用肉类植物中的油脂来烹饪。单独炒蔬菜时，也要尽量少放油，保证不粘锅即可。

5. 不要反复使用烹饪油

煎炸过的食物或曾经加热过的烹饪油，其烟点会明显下降，所以再次用于炒菜时，会产生更多的油烟，若反复使用，对健康的危害更大。因此，使用过的烹饪油最好倒掉，每次炒菜最好用新油炒。

6. 选择油烟少的烹饪油

市场上常见的植物油按质量分为4个等级，分别是一级、二级、三级和四级。一级、二级油精炼程度较高，具有无味、色浅、烟点高、低温下不易凝固等特点，适用于炒菜等较高温度的烹调；而三级、四级油的精炼程度低，色泽深、烟点低、杂质高，在烹调过程中产生的油烟较大，但其中保留了部分的胡萝卜素、叶绿素、维生素E等，适用于做汤、炖菜或调馅。

 温馨小贴士

为了减少油烟，厨具的选择也有讲究。

◆宜选平底锅。圆底炒锅由于锅体受热不均，易出现粘锅，为防止粘锅人们就会增加烹饪油的使用。所以，最好选择平底锅，因锅底受热均匀，只需少量的油就可以铺满锅底。

◆宜选厚底锅。用薄底锅炒菜时，由于温度上升较快，非常容易冒烟，而用厚底锅炒菜可以延缓油温上升，从而减少油烟的产生。

◆少用炒菜锅。平时可尽量多使用微波炉、电饭煲、电烤炉等厨房电器烹饪菜肴，这样可以大大减少厨房内的空气污染。

◆用电磁炉代替燃气灶。油烟的另一个来源是燃气燃烧过程中产生的有害物质，用电磁炉代替燃气灶可以减少厨房油烟。

用绿色植物筑起一道防霾墙

在雾霾环境下，宅在家里已成为人们保卫健康的首要选择。然而，宅在家里就真的安全吗？别的不说，雾霾天开窗已经成为难事，再加上现代房屋的密闭性越来越好，单是人体24小时不间断的新陈代谢所产生的废气，就会威胁人体健康。

为了对付室内被污染的空气，除了开窗换气、用空气净化器之外，摆放绿色植物也是一大法宝。于是，很多人在自家阳台、室内种植绿色植物，以此来"天然净化"空气。那么，室内种植绿色植物究竟能不能防霾呢，什么样的绿色植物净化空气效果好呢？

绿色植物的作用

绿色植物是净化空气的能手，可以通过光合作用吸收二氧化碳制造氧气，还能够吸收甲醛等有害气体。有关专家研究表明，室内绿色植物净化空气主要依靠两种手段：一种是依靠植物表面吸附微尘，另一种是通过植物的呼吸作用，增加室内的氧气含量。雾霾主要是空气中的可悬浮颗粒物，一般叶面表面积比较大，有细微绒毛的植物吸附灰尘的能力更强，净化室内空气的效果更好。

房间内摆放一些绿色植物，不仅可以通过植物的呼吸作用，提高室内的氧气含量，降低二氧化碳的含量，同时植物中蒸腾出来的水分也有助于保持室内的湿度，改善室内空气质量。

不过，专家也指出，盆栽绿色植物虽然对室内空气污染物有一定的吸附作用，可以有效地净化空气，但是在雾霾严重的情况下，不能仅仅靠绿色植物来对抗雾霾，应该采取多种措施。

有助防霾的绿植

雾霾天里，室内适合养植哪些绿色植物呢？由于植物的光合作用在雾霾天受限，因此更适宜养吸附能力强、对阳光的依赖性小的植物。

1. 美人蕉

美人蕉又名红花蕉、苞米花、凤尾花。它生长强健，体态大方美观，花朵艳丽，不仅能美化人们的生活，而且还能吸收二氧化硫、氯化氢，以及二氧化碳等有害物质。花谚说"美人蕉抗性强，二氧化硫它能降"。由于它的叶片非常敏感，所以被人们称为监视有害气体污染环境的活"监测器"，具有净化空气、保护环境的作用。

2. 月季

月季，花中皇后，貌似玫瑰，被评选为最美丽的全能型家居空气净化盆栽。相关研究数据表明，月季不仅能净化空气、美化环境，还能大大降低周围地区的噪音污染，调节室内的温度，缓解都市温室效应对家居的影响。在吸收有害物质方面，月季能吸收硫化氢、氟化氢、苯、苯酚等有害气体，同时对二氧化硫、二氧化氮等有较强的抵抗能力，甚至还能吸收部分PM2.5的颗粒。

3. 绿萝

绿萝是市面上最常见的绿植，生命力很强，吸收有害物质的能力也很强，不开窗通风的情况下也能改善空气质量。绿萝不仅能吸收空气中的三氯乙烯、甲醛等有害气体，还能在新陈代谢中将甲醛转化成糖或氨基酸等物质，吸收和分解由复印机、打印机排放出的苯。据环保学家介绍，刚装修好的新居保持通风状态，并在每20平方米的面积里摆放上一盆绿萝，3个月后就能达到入住的标准。

4. 芦荟

芦荟有空气净化专家的美誉。在家里摆放上几盆芦荟，不仅可以美化家居环境，吸收空气里的毒害物质，还能在外伤时用以救急。研究发现，芦荟可吸收甲醛、二氧化碳、二氧化硫、一氧化碳等有害物质。芦荟还能杀灭空气中的有害微生物，并能吸附灰尘，对净化居室环境有很大作用。更令人意外的是，芦荟还具有"空气污染报警器"的功效。当空气中的有害气体含量超过一定的限度，芦荟的叶片上就会出现褐色或黑色的斑点，以此发出"警报"，提醒人们急需净化空气。

5. 龟背竹

龟背竹又名龟背蕉、电线莲、透龙掌，株形优美，叶片形状奇特，叶色浓绿，且富有光泽，具有很高的观赏价值。花谚说"龟背竹本领强，二氧化碳一扫光"，它夜间有很强的吸收二氧化碳的能力，含有许多有机酸，这些有机酸能与夜间吸收的二氧化碳产生化学反应，变成另一种有机酸保留下来。到白天，这种变化的有机酸又还原成原来的有机酸，而把二氧化碳分解出来，进行光合作用。

6. 万年青

万年青是百合科多年生常绿草本，果实红色喜人，为优良观赏植物。在中国有悠久栽培历史，历代常作为富有、吉祥、太平、长寿的象征，深为人们喜爱。它可有效除去三氯乙烯的污染和PM2.5。

7. 龙舌兰

龙舌兰是多年生常绿植物，植株高大，叶色灰绿或蓝灰，叶缘有刺，花呈黄绿色，耐旱性极强。这种植物的吸附能力很强，能有效吸收甲醛、PM2.5等。此外，它还可用于酿酒，用其酿制的龙舌兰酒是非常有名的。

8. 常春藤

常春藤的叶色和叶形变化多端，四季常青，是优美的攀缘性植物，适合于室内盆栽培养，也是非常好的室内观赏植物。它可以除甲醛，能分解两种有害物质，即存在于地毯、绝缘材料、胶合板中的甲醛和隐匿于壁纸中对肾脏有害的二甲苯。

9. 吊兰

吊兰是市面上比较常见的绿色植物。吊兰是所有绿色植物中吸收有害物质最强的植物之一，能有效吸收室内有害有毒的气体，并在24小时内释放出氧气，对一氧化碳的吸收率达到95%。

 温馨小贴士

室内装饰鲜花，既美观又可以净化空气，但并不是每种鲜花都适合放在室内。

◆兰花：其香气会引起失眠。

◆紫荆花：其花粉会诱发哮喘或使咳嗽症状加重。

◆含羞草：其体内含草碱，人体接触过多可能会引起脱发。

◆百合花：其香味会使人的中枢神经过度兴奋而引起失眠。

◆夜来香：其香气会使高血压和心脏病患者感到头晕目眩、郁闷不适。

◆夹竹桃：其分泌液会使人中毒，让人昏昏欲睡，智力下降。

◆松柏：松柏类花木的芳香气味对人体的肠胃有刺激作用。

◆郁金香：其花朵含有一种毒碱，接触过久，会加快毛发脱落。

第三章

[雾霾天做好防护再出门]

　　我们都知道，雾霾对人体的危害很大。雾霾天的空气中含有大量的污染物和致病微生物，会对我们的呼吸系统造成强烈的刺激，容易引发各种呼吸道疾病，还会导致心脑血管疾病、结膜炎、肺癌等频发。但是，雾霾天不可能总是宅在家里，作为铁路职工更是不可避免地要出门上班，甚至要在户外工作。因此，铁路职工在雾霾天外出一定注意做好防护工作。

雾霾天外出要佩戴防霾口罩

遇到雾霾天，空气污染指数爆表，人们纷纷全副武装，抵抗霾毒。其中，口罩是雾霾天外出的必需品。雾霾天佩戴防尘口罩，可以防止有害物质的吸入，减少毒素对呼吸系统的侵袭。因此，铁路职工外出一定要佩戴口罩，那么选择什么样的防霾口罩效果好呢？

口罩的选择

市面上口罩的种类很多，如普通的、灭菌的、棉布的、活性炭的、KN90的、KN95的，究竟该选择哪一种呢？普通的纱布口罩只能滤除大部分的粉尘和细菌，对PM2.5几乎起不到防护作用；活性炭口罩能隔绝异味，但防霾效果欠佳；经过消毒的医用口罩，可防飞沫、吸湿，但过滤颗粒物的效果不理想。目前只有KN90和KN95才具有过滤颗粒、防PM2.5的能力。

健康专家指出，雾霾天更适合戴KN90型口罩。所谓KN90，是指该口罩对小于2.5微米颗粒的捕获能力为90%；而KN95，则是指该口罩对于小于2.5微米颗粒的捕获能力为95%。

你或许会疑惑，那为什么不选择捕获效果更好的KN95型口罩呢？这是因为KN95型口罩密闭严、透气性差，佩戴这种非常专业的防护型口罩，必须经过培训，否则易导致呼吸困难，而儿童、老人及患有呼吸系统疾病或心血管疾病者更应谨慎选择。比较来说，

KN90型口罩更适合普通人，虽然戴起来也有一点闷，但却不影响我们的正常生活。

除此之外，建议选择封闭性较好的头戴式口罩，而不是挂在耳朵上的口罩。因为如果防霾口罩正确佩戴后，在鼻子和下巴周围漏气较多，防霾效果就会大打折扣。

正确佩戴口罩

选择合适的口罩后，佩戴是否正确也很关键，不仅要保证防霾效果，还要保证人的正常呼吸，如果呼吸不顺畅，会产生较多的水汽，易引起机体缺氧。那么，如何正确佩戴防霾口罩呢？

第一步：做好准备工作，先清洗双手，以免不干净的手污染口罩内面，并用纸巾擦拭脸部，将灰尘和油脂清洁干净。

第二步：将口罩展开，固定带每隔2～4厘米拉松。

第三步：将口罩置于掌中，将鼻位金属条朝指尖方向，让固定带自然垂下。

第四步：戴上口罩，鼻位金属条部分向上，紧贴面部。

第五步：将口罩上端固定带放于头后，然后下端固定带拉过头部，置于颈后，调校至舒适位置。

第六步：双手指尖沿着鼻梁金属条，由中间至两边慢慢向内按压，直至紧贴鼻梁。

第七步：检查口罩的密闭性，轻按口罩并进行深呼吸。要求呼气时气体不从口罩边缘泄漏，吸气时口罩中央略凹陷。如果口罩没有盖紧，就需要重新调整位置后再戴。

佩戴防霾口罩注意事项

1. 佩戴口罩前，请先用纸巾擦拭自己的脸部，将灰尘和油脂清洗干净。

2. 儿童、老年人、孕妇、患有呼吸系统疾病和心血管疾病的人，佩戴防霾口罩更要谨慎，佩戴时间应相对缩短，以免引起不适或发生意外。

3. 非专业人士佩戴防霾口罩的时间不宜超过2小时，连续戴2小时后应取下口罩，让自己透透气。

4. 专业的防尘口罩，像KN90型和KN95型的口罩都是不能进行清洗的，否则会破坏滤材及口罩的结构，有条件者可以将口罩进行紫外线消毒。

5. 摘戴时应避免内层裸露在空气中，此外口罩的外层往往积聚着空气中大量的灰尘、细菌等污物，摘下后应避免外层接触内层。

6. 咳嗽或打喷嚏时一定要摘下口罩，以免体内的细菌吸附在口罩内层，引起二次吸入致病菌。

7. 口罩如果沾到水或出现玷污、损坏，请及时更换。

8. 口罩使用完后，要妥善保管，避免被污染，比如你可以取干净的吸油纸轻轻擦拭口罩内部，然后将其装在干净的塑料袋里。

9. 口罩不能与其他人共用。

 温馨小贴士

在雾霾天外出时，佩戴防霾口罩的时间不宜过长，因为专业的防霾口罩透气性较差，加上佩戴者没有长期佩戴的习惯，易使佩戴者缺氧。如果佩戴过程中出现呼吸困难、头晕目眩等现象，应及时摘下防霾口罩，并及时将自己的症状告诉身边的人，谨防意外发生。

外出上班做好全面防护

雾霾天气对人体健康的影响很大，因此应尽量减少外出。但是作为铁路职工，我们不可能总宅在家里不上班。其实，不管雾霾如何肆虐，铁路职工只要做好全面防护，注意一些细节，就可以放心地外出上班。

外出时间巧选择

1.避开上下班的高峰期

如果可以的话，外出上班最好避开高峰期，因为这时车辆拥挤，汽车尾气排放量远远高于其他时间段，这个时候的空气质量是一天中最差的。加之，人口密度大，氧气浓度下降，此时戴着口罩出门容易出现头晕、目眩等缺氧情况，并非出行的好时机。

2.何时外出最安全

雾霾天气里，正午12～13点，下午15～16点是最适合外出的。因为这两个时间段里PM2.5的值相对较低，空气质量相对于其他时间段要好。

3.选择人少的道路

雾霾天气本来空气质量就差，人多的地方PM2.5携带的细菌、病毒也就更多，尤其是一些地方空气流通较差，容易引起呼吸系统疾病交叉感染。

交通工具巧选择

习惯骑自行车或电动车上班的铁路职工，在雾霾天里最好不要骑车，可以改乘公交车。因为汽车尾气中含有很多未燃烧的化学成分，骑车时，肺部容易吸入大量的污染空气。

此外，在路上行走时，不要跑步或者快走，应匀速快走，这样一方面可以缩短在雾霾中的停留时间，减少PM2.5的接触；另一方面匀速能保持均匀的呼吸，不会增加呼吸的次数，以免吸入更多的PM2.5。

外出穿搭有讲究

1. 一定要戴口罩

雾霾天外出上班时，铁路职工一定要养成佩戴口罩的好习惯，首先要选择一款专业的防尘口罩。如果口罩已经使用过，则应取出检查一下有没有破损，洁净程度是否能达到再次使用的标准。检查确认后，先进行洁面，再按照口罩佩戴步骤戴上口罩。

2. 准备雾霾外出服

雾霾天对穿衣也是有讲究的，有些材质的衣服，如羊毛绒大衣、毛料大衣、尼大衣等，容易吸附更多的有毒颗粒，会给室内造成"二次污染"，因此应尽量少穿这类衣服。在雾霾天气里可以穿表面光滑的衣服，如羽绒服、防水外套、风衣等。

3. 戴上帽子

有的人外出时没有戴帽子的习惯，认为雾霾主要侵袭呼吸系统。其实，头发的吸附能力是很强的，当梳头发或使用电吹风吹头发时，头发就成为了PM2.5的"帮手"。所以，为减少头发与PM2.5的接触，外出时最好戴上帽子。

4. 出门戴眼镜

雾霾天空气污染严重，眼睛暴露在外面，容易感染一些脏东西，导致各种眼部疾病。因此铁路职工外出上班的时候可以带一副眼镜，因为眼镜有一定的阻挡作用。近视眼的就不用说了，可以带近视镜，视力正常的可以戴墨镜或者茶色眼镜。

需要注意的是，近视的职工不要戴隐形眼镜，因为雾霾天气压较低，戴隐形眼镜容易加重角膜缺氧，造成角膜损伤。雾霾中含有较多的细小颗粒，进入眼睛后，可能会被带到镜片和眼球之间，易引起不适。

外出上班注意细节

1. 在雾霾天气里外出上班，为自己准备一个可以装温水的保温瓶用以饮水。保温瓶里可以装温水或百合糖水、沙参玉竹茶、罗汉果茶等有助于润肺的茶水。

2. 有哮喘、心脏病等疾病的特殊人群，外出前应该带上部分能预防疾病发生的药物，以免意外发生。

3. 注意面部的护理，不仅要使用水乳、精华、面霜等护肤品，还需要使用防晒隔离等产品，并且要选择清爽不油腻的护肤及隔离产品，以减少雾霾颗粒的附着。随后仔细清洗双手和面部，尽可能减少身体表面的污染物。

 温馨小贴士

有运动习惯的人在雾霾天最好不要外出锻炼，否则可能会对身体健康造成不利的影响。锻炼时，人体所需的氧气量增加，随着呼吸的加深，雾霾中的有害物质会更多地被吸入体内，进而危害呼吸道和肺脏健康。雾霾天想要运动的话，最好在中午到下午4点之间选择一个时段外出锻炼。

雾霾天开车上班讲究多

雾霾天出行需要做好防护，那是不是开车出行就能远离雾霾的困扰呢？其实，在雾霾天开车，交通更为拥堵，人们待在车内的时间也比往常更长，这时除了注意常规安全外，还有很多的讲究。

雾霾天最好别开车

现在很多人都开车上下班，尤其在雾霾天气横行的情况下，很多人觉得开车能避免与霾的亲密接触。真的是这样吗？相关研究发现，雾霾天如果不注意防护，车内悬浮微粒等污染物的含量仍会超标，危害身体健康。

有实验表明，当室外PM2.5的值是269时，将空气质量监测仪放到出租车内，3分钟后出租车内测试的PM2.5的值从室外的269毫克/立方米，降为168毫克/立方米，数值虽降低，仍超标。所以，对于铁路职工来说，开车上班并不是最佳选择。

从环保角度考虑，在雾霾天气里，要尽量少开车或不开车以降低空气的污染指数。当然，从个人安全角度出发，雾霾天气也不适合开车。首先，雾霾天气的可视范围非常小，常常容易导致事故的发生。其次，雾霾天气容易使人产生压抑的心情，从而影响开车时的判断。因此，建议铁路职工在雾霾天气里，最好搭乘公交、地铁出行。

雾霾天开车有讲究

如果要开车上班，那么怎样才能使车内的环境更清洁，怎么才更安全呢？铁路职工要注意以下几点。

1.少开车窗

雾霾天气里，尽量减少与外界空气的接触，所以尽量少打开车窗和天窗。虽然把车窗或天窗开启一条小缝隙能起到换气的作用，但这样同样会把可吸入的颗粒物带到车里，直接被人体吸入。尤其是遇上堵车时，空气污染指数将会更高，如果开启车窗，空气中高浓度的悬浮污染物或可吸入颗粒物很容易进入车内。

2.开启内循环

除了车窗，空调系统是直接与外界对接的通道，外界空气会通过空调系统进入车内影响到车内空气质量。所以，在雾霾天气里，正确的做法是将空调设定为内循环，这样可有效地使车内空气流通，还可阻止车外的有害气体和灰尘进入车里，在一定程度上能把雾霾阻挡在车外。

3.打开车灯

雾霾天气，空气的能见度会比较差，漂浮在空气中的微小颗粒会阻碍视线。所以，为了自己和他人的安全，务必在行车时打开车灯，至少要打开示宽灯提示其他车辆你的位置，如果能见度非常差，则应该打开前、后雾灯。

4.及时清理空调滤芯

空调滤清器在经过长期使用后，会吸附许多浮尘颗粒物，特别是雾霾天气的频繁出现，空调滤清器更易积聚有害物质。如果不及时清洗，不仅会使空气过滤效果变差，使空调系统内滋生各种病菌，影响车内人员的身心健康，而且还会加剧发动机的磨损。因此要及时清理空调滤芯。

5.车内放置一些植物或果皮

车里可以放置一些小的植物，如芦荟、吊兰、虎尾兰、常春藤等，不仅可以净化车内空气、除味，还可起到装饰的作用。此外，车里放置一些橙子皮、柚子皮等果皮，也可起到净化空气，去除异味的作用。

另外，车内最好不要放置毛绒物品，如娃娃、抱枕等。因为这些毛绒物品很容易累积灰尘和螨虫，反而影响车内的空气质量。

6. 不要在车内吸烟

在车内吸烟不仅影响呼吸系统健康，并且烟味也不易散去，对车内空气质量会造成很坏的影响，尤其遇到雾霾天气，更不要在车内吸烟。此外，不要在车内吃东西，车内饮食不仅会残留食物碎屑而造成细菌滋生，而且也会产生异味，影响车内环境。

7. 调整开车心态

雾霾天能见度差，车速变慢，交通变得拥堵，在这样的行车环境下，人很容易产生焦急、烦闷和压抑的心情。因此，在这种情况下，应该调整好自己的心态。当车辆受阻不能前行时，不妨选播几首自己平时喜欢的歌曲以放松心情，切勿长按喇叭或加塞抢行，这样除了使心情变得更加焦急外，不会有其他任何益处。

温馨小贴士

　　雾霾天污染颗粒容易附着在车窗玻璃上，影响视线，所以开车前应将挡风玻璃、车头灯和尾灯擦干净。此外，雾霾天开车时，注意速度不要过快，并和前面车辆保持足够的车距，以免发生危险。

火车站归来，清洁分四步

通常情况下，预防雾霾最直接的办法就是减少户外活动，然而作为铁路职工，很多时候需要在户外工作，雾霾天气也不例外。那么，在火车站工作的职工，如何正确防霾呢？

雾霾天从火车站下班回家，铁路职工需要做的第一件事就是做好清洁工作。因为在雾霾天气里活动，人的头发、身体各处和衣物上都会沾有大量的PM2.5。这个时候如果不注意清洁卫生，不仅容易给家居环境带来二次污染，还容易影响家人的健康。

因此，为了减少PM2.5的危害，下班回家后应该做以下几步。

第一步：轻轻移步浴室

下班回家后的第一件事应该是尽可能减少动作的幅度并轻轻移步浴室，避免身上的污染物随着自己的动作而大量遗落在地上，以免造成二次污染。

第二步：清洁头发

在浴室清洁时，应该遵循由上至下的顺序。第一个清洁的对象是头发。这个时候口罩还不能摘除。取专用于雾霾天的毛巾轻轻擦拭头发，如果是长发应该将头发披散开，在厕所边上轻轻抖动头发。也可以借助吹风机清洁头发。当然，条件允许的话，还可以摘掉口罩进行淋浴。

第三步：清洁脸部

摘掉口罩，用手捧清水，让鼻腔轻轻吸进清水，然后再迅速擤鼻涕。此动作应该至少重复5次。此外，还可以用干净的棉签反复沾水来清洁鼻腔。接着，用毛巾或洁面乳来帮助清洁面部，最后是刷牙和漱口。

第四步：清理衣物

将外套轻轻脱下，放入洗衣篮子里或直接放入洗衣机里清洗。必须提醒的是，雾霾来袭时，千万不要把洗净的衣物晾在屋外，否则衣服上将沾满灰尘、细菌、PM2.5等污染物。

 温馨小贴士

户外工作者平时应保证充足的休息，这样才能保证机体的正常代谢功能，及时排出体内的毒素。另外，户外工作者白天工作时，也最好每隔1小时就到空气质量良好的室内休息一会儿，摘下口罩呼吸一下新鲜空气，以免长时间戴口罩引起缺氧。

6 种人，雾霾天谨慎外出

雾霾天气是自然和人为污染环境所造成的，面对这种恶劣天气，我们只有采取各种措施，才能避免其对健康带来危害。面对看得见、抓不着的"雾霾"，减少外出是最有效的措施，尤其是一些特殊人群更不要随便外出，否则不仅会影响健康，还可能会导致意外的发生。

具体来说，以下六种人雾霾天外出要格外谨慎。

1. 呼吸道疾病患者

雾霾天气里，最痛苦的莫过于呼吸道疾病患者了。不少患有呼吸道疾病的患者容易在雾霾天气里旧病复发，甚至部分年轻的呼吸道疾病患者都难逃雾霾天的魔掌。我国华东几省的抽样调查数据表明：雾霾天气里，年轻呼吸道疾病患者的就医率是老年呼吸道疾病患者的3倍，其主要原因是雾霾天气里，老年呼吸道疾病患者大多待在家里不会外出，而年轻呼吸道疾病患者常不以为意。由此可见，雾霾来袭时，哮喘、支气管炎、肺炎、鼻炎等呼吸道疾病患者要谨慎外出。

2. 心血管病患者

医学研究发现，PM2.5中所含的铅、镍、锌等成分增多，都跟脑血管的发生密切相关。美国有一项调查显示，PM2.5每增加10个单位，缺血性心血管事件危险度增加1.18。在污染发生的当天，心血管患者暴露在雾霾天气中，1~2小时发病率急剧上升。

因此，医学专家提醒，雾霾天气里，冠心病、心脏病、心绞痛、高血压等心血管病患者，除了要注意监测血压、按时服药之外，并且要谨慎外出，以防发生意外。

3. 老年人

人步入老年后，身体各项机能开始衰退，免疫力也开始下降。雾霾天气里，污染颗粒极易入侵老年人的肺部，使其肺功能受到伤害。一些老年人有晨练的习惯，而早晨正是雾霾最严重的时段，外出锻炼反而会影响老年人身体健康，尤其是心肺功能差的老年人，雾霾天气更易发生呼吸系统和心血管系统疾病。所以，雾霾天里，老年人要谨慎外出，更不要外出晨练。

4. 儿童

儿童正处于生长发育阶段，身材较成人矮小，距离地面较近，而雾霾易沉积在低处，加上孩子没有鼻毛，不能阻挡大颗粒进入，防御能力弱。所以，儿童极易吸入雾霾颗粒物，尤其是呼吸系统尚未完善的婴幼儿。雾霾天气灰尘、颗粒会通过宝宝的呼吸道直接进入宝宝的身体，侵害宝宝健康，从而引起一系列疾病。

5. 孕妇

雾霾里面包含了很多有毒物质，比如灰尘、汽车尾气，可吸入颗粒等。这些有害物质孕妇吸多了很容易影响胎儿发育，导致胎儿体重过小。美国有一项研究显示，生活在空气污染较为严重的环境下的产妇，其分娩出的宝宝出生体重降低9%，头围数减少2%，而空气质量相对较好区域的产妇分娩出的宝宝则没有明显的变化。

6.体质虚弱的人

体质虚弱的人抵抗力差，稍不注意就容易受到细菌、病毒的入侵。雾霾天气，也是病毒泛滥之时，大量的尘埃、烟粒、盐粉等杂质浮游在空中而形成霾，PM2.5进入呼吸道会刺激并破坏气管黏膜，导致其抵抗病毒、细菌进入肺部组织的功能下降。因此，雾霾天里，感冒、鼻炎等患者比平日大幅增加，尤其是感冒发烧的人更多。由此，雾霾严重的情况下，体质虚弱的人要谨慎外出。

 温馨小贴士

特殊人群在雾霾天气里"宅"在家里还要注意适当调节心情，找些能让自己开心的事情做，或看看喜剧电影，听听音乐。否则，雾霾天气待在家里，却保持着沉闷的心情，同样会影响到身心的健康。

第四章

[饮食是最好的防霾排毒药]

雾霾天，不仅让生活环境雾蒙蒙的，更是直接影响着空气质量，引起心血管和呼吸系统疾病。并且雾霾天日照减少，体内维生素D生成不足，也影响了钙的吸收。面对雾霾天，铁路职工如何健康饮食呢？

健康专家指出，注意饮食均衡，提高自身免疫力，能在一定程度上减轻雾霾带来的伤害；只要吃得正确，吃得健康，就能有效地防霾排毒。

养肺防霾，首选 5 种食物

传统医学认为，大气污染物颗粒为"邪"。邪气从口鼻、皮肤而入，首先侵犯的就是肺，时间久了就会诱发疾病。因此，雾霾天饮食应首要重视养肺化痰、润肺止咳。以下6种食物都是养肺防霾的好食材。

◆山药

山药是补气润肺的好食材，既可做主食又可做蔬菜，既可切片煎汁当茶饮又可切细煮粥喝。山药含有的淀粉酶，可改善脾胃功能；所含的黏液蛋白，能促进排毒、预防心血管疾病。因此，雾霾天适当多吃些山药，不仅能有效缓解雾霾对人体带来的伤害，还能预防疾病的发生。山药的用途见表4-1。

表4-1　山药的用途

营养成分	蛋白质、碳水化合物、膳食纤维、维生素A、B族维生素、维生素C、维生素E、泛酸、烟酸及钙、钾、镁、磷等矿物质
选购方法	以外皮无伤、须毛较多、断层雪白、黏液较多的为佳
搭配宜忌	山药+南瓜√　　山药+枸杞√　　山药+黑芝麻√ 山药+黄瓜×　　山药+猪肝×
不宜人群	山药中的淀粉含量较高，胸腹胀满、大便干燥、便秘者最好少吃

养肺防霾这样吃

山药南瓜粥

原料：山药60克，南瓜40克，粳米100克

调料：盐少许

做法：

（1）山药去皮、洗净，切成块；南瓜去皮瓤、洗净，切成块；粳米淘洗干净，用清水浸

泡半小时。

（2）锅中加适量清水，倒入粳米及泡米的水，大火煮沸。

（3）放入山药块、南瓜块，改小火继续煮至食材熟烂，加少许盐调味即可。

推荐理由：山药、南瓜都是非常适合雾霾天吃的食材，两者搭配煮粥，有良好的补气润肺、健脾和胃、通便排毒的功效。

枸杞山药汤

原料：山药300克、枸杞20克

调料：葱花、姜片、鸡汤、盐各适量

做法：

（1）山药去皮、洗净，切成块；枸杞洗净。

（2）锅中加适量清水，大火煮沸，放入姜片、枸杞、山药、鸡汤一起炖煮。

（3）待山药熟后，加少许盐调味，撒上葱花即可。

推荐理由：这款汤制作简单，不燥不腻，雾霾天不妨喝一喝，对改善食欲不振、倦怠无力、咳嗽不止有良好的效果。

黑芝麻山药糊

原料：黑芝麻40克，山药60克

调料：白糖适量

做法：

（1）黑芝麻去杂质，洗净，放锅中用小火焙香，研成细末。

（2）山药去皮、洗净，切成片，放入锅中

烘干，打成细粉。

（3）将黑芝麻末与山药粉混合，搅拌均匀。

（4）锅中加适量清水，大火煮沸，将制作好的粉末慢慢倒入沸水锅内，加适量白糖调味，不断搅拌，煮约5分钟即可。

推荐理由：这款糊香甜爽口，营养丰富，有较好的润肺、补肝肾、养心脾的功效，尤其适合雾霾天食用。

◆莲藕

莲藕微甜而脆，可生食也可做菜，而且药用价值相当高，自古是滋补佳品。传统医学认为，莲藕有清热解毒、健脾润肺、凉血止血的功效，可用于肺热咳嗽、烦躁口渴、食欲不振、营养不良等症。

此外，莲藕中独特的清香和鞣质，能增进食欲、促进消化，而且莲藕中富含参与人体造血过程的铁元素，是补血的好食材，经常食用可增强人体免疫力。因此，污染严重的雾霾天里，铁路职工不妨多吃一些莲藕。莲藕的用途见表4-2。

表4-2　莲藕的用途

营养成分	蛋白质、脂肪、碳水化合物、膳食纤维、维生素A、B族维生素、维生素C、维生素E及钙、铁、磷等矿物质
选购方法	以外皮呈黄褐色、肉白而肥厚，断口处有淡淡清香的为佳
搭配宜忌	莲藕+芹菜√　莲藕+胡萝卜√　莲藕+薏米√ 莲藕+排骨√　莲藕+猪肝×
不宜人群	脾胃消化功能差、大便溏泄、易腹泻腹胀的人应尽量少吃

红油拌藕片

原料：莲藕500克，红干辣椒10克

调料：葱盐、香油、白糖、辣椒油各适量

做法：

（1）将莲藕洗净，削去皮，切成片；红干辣椒洗净，切成斜段。

（2）锅入清水烧开，放入藕片焯水，捞出，用冷开水过凉，沥干水分。

（3）藕片放入盘内，加入辣椒油、香油、盐、白糖拌匀，撒上红干辣椒段即可。

推荐理由：这款菜清脆可口，有良好的健脾开胃、润肺清热、增强免疫的功效，很适合雾霾天食用。

藕片炒芹菜

原料：鲜藕、鲜芹菜各150克，胡萝卜20克

调料：姜丝、香菜叶、盐、鸡精、花生油各适量

做法：

（1）芹菜择洗干净，切成斜段；鲜藕刮去皮，洗净，切片。

（2）胡萝卜洗净，去皮，切成半月形花片，摆在盘子周围，点缀香菜叶。

（3）净锅置火上烧热，放入花生油烧热，放入姜丝爆出香味，再将芹菜段、藕片倒入，翻炒5分钟，放入盐、鸡精调味，出锅即可。

推荐理由：莲藕健脾润肺，芹菜清热排毒，两者搭配食用有很好的养肺润肺、防霾排毒的功效。

莲藕薏米排骨汤

原料：排骨200克，莲藕100克，薏米50克

调料：味精、盐各适量

做法：

（1）将莲藕洗净，切成薄片；薏米洗净；排骨洗净，剁成小块，入沸水中汆烫。

（2）锅中加适量清水，大火煮沸，放入莲藕、薏米、排骨，再次煮沸后改小火慢炖。

（3）所有食材熟烂后，加适量味精、盐调味即可。

推荐理由：这款汤富含优质蛋白质、脂肪、多种维生素及钙、铁等矿物质，具有良好的利湿清热、滋阴润肺、益精补血、健脾养胃、强壮筋骨等功效。

◆**百合**

百合是养肺的佳品，有润肺止咳、清心安神的作用，可用于肺痨咯血、肺虚久咳、失眠、心烦口渴等症。传统医学认为，肺喜润而恶燥。肺脏不喜欢燥气，在干燥的气候下，肺脏很容易受到伤害，而百合有良好的滋阴润肺的功效。

因此，在雾霾天，铁路职工不妨适当多吃些百合，这不仅可以有效地养护肺脏，还能提高肺脏的排毒能力，抵抗霾毒的侵害。百合的用途见表4-3。

表4-3　百合的用途

营养成分	蛋白质、脂肪、碳水化合物、膳食纤维、B族维生素、维生素C、维生素E、泛酸及钙、钾、磷等矿物质
选购方法	新鲜的百合以颜色白、瓣匀、个大、肉质厚的为佳；干燥的百合以表面干燥、晶莹剔透、无杂质的为佳
搭配宜忌	百合+南瓜√　　百合+莲子√　　百合+花生√ 百合+鸡蛋√　　百合+猪肉×
不宜人群	风寒咳嗽、脾虚便溏以及中气虚寒的人不宜食用

百合南瓜粥

原料：百合15克，南瓜60克，大米200克

调料：盐适量

做法：

（1）南瓜削去皮、瓤，洗干净，切成小块；百合去皮，洗净，分成瓣，放沸水中烫透，捞出，沥干水分。

（2）大米拣去杂质，淘洗干净，浸泡30分钟，捞出，沥干水分。

（3）净锅置火上烧热，倒入适量清水旺火烧开，将淘洗干净的大米下入锅中，用旺火烧沸，放入南瓜块，转小火煮约30分钟，下入百合、盐，煮至汤汁黏稠，出锅装入碗中即可。

推荐理由：百合是养肺的一味好食材，南瓜能清热防病，在雾霾天经常喝点百合南瓜粥，可以养护肺脏，预防疾病。

百合炒鸡蛋

原料：鲜百合150克，鸡蛋3个，红椒10克

调料：盐、白糖、鸡精、胡椒粉、植物油各适量

做法：

（1）百合洗净，斜刀切成片，入沸水锅中焯水，捞出，沥干水分。

（2）红椒洗净，去蒂、籽，切成1.5厘米长的菱形片；鸡蛋磕入大碗中，搅打均匀。

（3）净炒锅置旺火上，倒入植物油烧至六成热，将鸡蛋下锅炒散，然后放百合、红椒片炒匀，加入盐、白糖、鸡精和胡椒粉调味，出锅装盘即可。

推荐理由：百合有养阴润肺的功效，鸡蛋能护肝、防衰老。这款菜清新爽口，经常食用可以养护肝肺，提高身体免疫力，防病抗癌。

百合丝瓜汤

原料：百合20克，丝瓜50克

调料：葱白、白糖、花生油各适量

做法：

（1）丝瓜去皮，放入清水中洗干净，切成斜片。

（2）百合洗干净，拣去杂质；葱白洗净，切成段。

（3）净锅置火上烧热，倒入花生油烧至八成热，加入清水适量，旺火烧开，放入百合煮30分钟左右，再放入切好的丝瓜片、葱白段小火煮15分钟，加入适量白糖调味，出锅即可。

推荐理由：百合可润肺止咳、宁心安神，丝瓜清热祛火、排毒美容。两者搭配煮汤，营养丰富，很适合雾霾天食用。

◆梨

梨被誉为"百果之宗"，又有"天然矿泉水"之称，是养肺防霾的佳品。梨含有丰富的水分，有生津、润燥、清热、化痰的功效，是最常见的清肺食物。梨可以生吃、蒸着吃或者煮汤，还可以捣成泥做成梨糕。雾霾天，户外工作的铁路职工不妨适当多吃点梨，对防霾排毒、缓解咽喉疼痛有良好效果。梨的用途见表4-4。

表4-4　梨的用途

营养成分	葡萄糖、蔗糖、果糖、苹果酸、柠檬酸、维生素B_1、维生素B_2、维生素C、烟酸、鞣酸、果胶
选购方法	优质梨外形匀称，表皮光滑，没有磕伤、病斑。此外，底部凹凸大且凹凸层次明显的梨，水分多、口感更好
搭配宜忌	梨+银耳√　　梨+冰糖√　　梨+红糖√ 梨+罗汉果√　　梨+羊肉×　　梨+螃蟹×
不宜人群	脾胃虚寒、慢性肠炎、糖尿病患者不宜生食

养肺防霾这样吃

雪梨番茄汁

原料：雪梨500克，番茄300克

调料：白糖、冰块各适量

做法：

（1）雪梨洗干净，刮去外皮，切成两半，去籽，切成小方块。

（2）番茄放入水中洗干净，放入沸水中冲烫，剥去外皮，去籽，切成小块。

（3）将雪梨块和番茄块一同放入榨汁机中，加入适量凉开水，搅打15分钟左右，榨成鲜汁，过滤去渣，加入适量白糖调味，放入冰块，饮用即可。

推荐理由：雾霾天喝点雪梨番茄汁，不仅可以补充维生素，还有良好的生津润肺、健脾消食的功效。

雪梨鸡丝

原料：雪梨200克，彩椒20克，鸡胸肉100克

调料：料酒、盐、白糖、蛋清、团粉、葱姜米、油各适量

做法：

（1）将鸡胸肉洗净，切细丝，放入盆内，放蛋清、水、盐、团粉拌匀浆好；雪梨洗净，削皮，切成0.3厘米的丝，彩椒切细丝待用。

（2）锅入油烧热，放鸡丝，用筷子轻轻拨散滑熟，捞出，控油沥干。

（3）将鸡丝、雪梨丝、彩椒丝放入盘中，加料酒、盐、白糖，拌匀即成。

推荐理由：这款菜色香味美，营养丰富，有良好的清热解毒、开胃消食、生津润肺的功效，适合在雾霾天食用。

芋头香梨饼

原料：芋头200克，鸭梨150克，面粉50克

调料：植物油、盐各适量

做法：

（1）将鸭梨洗净，去皮去核，放入搅拌机中搅打成末，倒入碗中加面粉搅拌均匀，制成面糊。

（2）芋头洗净、去皮、切成丝，放入面糊中搅拌均匀。

（3）平底锅中加适量植物油，烧热后依次取适量面糊放入锅中摊圆，煎熟即可。

推荐理由：芋头营养丰富，经常食用不仅有助于提高免疫力，还能促进食物的消化和吸收。鸭梨所含的果胶可促进人体排出垃圾和毒素。这款点心可通便排毒、开胃止咳，是雾霾天的好选择。

◆银耳

雾霾天气里应该适当多吃一些润肺的食物，而银耳便是这样一种滋补佳品。银耳有不错的润肺、清肺的功效，它能将肺脏中的部分污染物通过新陈代谢排出体外，还能有效提高肝脏的解毒能力。银耳适合四季进补，尤其适合雾霾频发的冬季食用。银耳的用途见表4-5。

表4-5　银耳的用途

营养成分	蛋白质、脂肪、碳水化合物、膳食纤维、维生素C、维生素B_1、维生素B_2、赖氨酸、铁、钙、磷、钾、晒、钠等
选购方法	优质银耳的耳片呈金黄色，有光泽，朵大且疏松，肉质肥厚，既有弹性又有韧性，蒂头无黑点
搭配宜忌	银耳+莲子√　银耳+冬瓜√　银耳+木瓜√ 银耳+雪梨√　银耳+鹌鹑蛋√　银耳+菠菜×
不宜人群	消化不良者不宜食用，老年人也不宜多食

养肺防霾这样吃

红枣银耳羹

原料：银耳、莲子、胡萝卜各20克，红枣50克，杏仁10克

调料：冰块适量

做法：

（1）银耳、莲子、红枣、杏仁分别洗净，用清水浸泡1小时，捞出沥水；胡萝卜去皮洗净，切成薄片。

（2）砂锅中加适量清水，放入莲子、胡萝卜、红枣、杏仁，大火煮沸，改小火炖至所有食材熟。

（3）放入银耳，继续煮至银耳变软，加适量冰糖调味即可。

推荐理由：红枣银耳羹不仅做法简单，口感甜糯，而且还具有养血安神、润肺止咳、养颜护肤的功效。

银耳绿豆汤

原料：水发银耳50克，绿豆100克，荔枝10枚

调料：冰糖适量

做法：

（1）将荔枝剥皮、洗净，水发银耳洗净、撕成小朵，绿豆洗净、用清水浸泡1小时。

（2）锅中加适量清水，放入绿豆、银耳大火煮沸，改小火煮至绿豆开花。

（3）放入荔枝、冰糖，继续煮10分钟即可。

推荐理由：绿豆营养丰富，有良好的清热、解毒、去火的功效，和银耳搭配有滋阴润肺、清热排毒的作用，很适合在雾霾天食用。

助肝排毒，4 款食物是高手

我们都知道，肝脏是人体重要的解毒器官，体内产生的毒素及废物、吃进去的有毒物质、有损脏腑的药物等，都必须依靠肝脏排毒。尤其是雾霾天气里，各种有害物质侵袭人体，使肝脏疏泄毒素的工作负担加重，无法及时排毒，从而引起肝脏代谢紊乱，损害肝脏健康。

因此，为了养护肝脏，使其发挥最大的排毒作用，在雾霾天，铁路职工很有必要多吃一些能够养护肝脏、有助肝脏排毒的食物。为此，健康专家推荐了以下4种食物。

◆油菜

油菜颜色深绿，口感脆嫩，其中所含的植物激素，可促进血液循环、增强肝脏的排毒功能。并且油菜中含有大量的植物纤维，能促进肠道蠕动，缩短粪便在肠道停留的时间，从而减轻肝脏的负担。因此，在雾霾天里铁路职工不妨多吃些油菜，以帮助肝脏排毒。油菜的用途见表4-6。

表4-6　油菜的用途

营养成分	蛋白质、脂肪、碳水化合物、膳食纤维、胡萝卜素、维生素A、B族维生素、维生素C、烟酸及钙、铁、磷等矿物质
选购方法	以茎叶新鲜、有光泽、无黄叶、无虫蛀的为佳
搭配宜忌	油菜+香菇√　油菜+虾仁√　油菜+猪血√ 油菜+山药×　油菜+南瓜×
不宜人群	孕早期女性、处于小儿麻疹后期及患有疥疮、目疾、疥疮、狐臭的患者不宜多食

助肝排毒这样吃

油菜粥

原料：油菜200克，粳米100克

调料：无

做法：

（1）油菜洗净，切块；粳米洗净，用清水浸泡30分钟。

（2）锅中加适量清水，倒入粳米、泡米的水和油菜，大火煮沸，改小火熬煮成粥。

推荐理由：这款粥有润肠通便、养护肝脏、增强免疫的功效，经常食用还可以振奋精神、缓解忧虑情绪。

海米油菜心

原料：油菜500克，海米50克

调料：胡椒粉、植物油、盐各适量

做法：

（1）海米洗净，用温水泡软。

（2）锅入油烧热，放入油菜、海米煸炒一下，再加水、胡椒粉、盐烧开。

（3）待油菜烧透后，捞出放入盘中，海米放在油菜上即可。

推荐理由：海米含有丰富的镁，镁对心脏活动具有重要的调节作用，能很好的保护心血管系统。与油菜搭配食用，营养丰富。

猪血油菜汤

原料：猪血1小块，油菜叶5片

调料：淀粉、盐各适量

做法：

（1）将猪血洗净，切成小块；油菜洗净，切成小碎块。

（2）锅中加适量清水，大火煮沸，加入猪血和油菜，小火煮熟。

（3）出锅前，用水淀粉勾芡，加少许盐调味即可。

推荐理由：这款汤简单易学，有良好的补血强身、养肝排毒、提高免疫的功效，适合在雾霾天里经常食用。

◆**胡萝卜**

胡萝卜是平日常食用的蔬菜，有"小人参"的美誉。其含有大量的胡萝卜素有补肝明目的作用，并且胡萝卜所富含的维生素A能协助肝脏排出体内毒素，减少肝脏中的脂肪堆积，因此污染严重的雾霾天，铁路职工不妨多吃些胡萝卜。胡萝卜的用途见表4-7。

表4-7　胡萝卜的用途

营养成分	蛋白质、脂肪、糖类、膳食纤维、胡萝卜素、花青素、B族维生素、维生素C、维生素D、维生素E及钙、铁、钾、磷等矿物质
选购方法	以表皮光滑、形状整齐、脆嫩多汁、肉厚、心柱小、不糠、无裂口、无虫蛀的为佳
搭配宜忌	胡萝卜+鸡肉√　胡萝卜+牛肉√　胡萝卜+排骨√ 胡萝卜+山楂×　胡萝卜+酒×
不宜人群	妊娠期女性、脾胃虚寒、下肢水肿的人不宜食用

助肝排毒这样吃

胡萝卜烧鸡块

原料：胡萝卜150克，鸡肉300克

调料：花椒、植物油、味精、盐各适量

做法：

（1）胡萝卜、鸡肉分别洗净，切成块。

（2）锅入油烧热，下花椒炸香，捞出花椒不要，放入胡萝卜块，加适量清水，大火煮沸，改小火至胡萝卜煮熟后盛出。

（3）锅入油烧热，放入鸡块煸炒至变色，加适量清水，加盖焖熟，放入煮熟的胡萝卜块，继续收汁，加味精、盐调味即可。

推荐理由：这款菜肉质细嫩，营养易于吸收，经常食用可养肝护肝，增强免疫，非常适合雾霾天食用。

胡萝卜炖牛肉

原料：胡萝卜300克，牛肉200克

调料：葱末、姜末、香菜叶、植物油、香油、酱油、醋、料酒、盐各适量

做法：

（1）胡萝卜洗净，切滚刀块；牛肉洗净，切成小块。

（2）锅入油烧热，下葱、姜爆香，下胡萝卜块、牛肉块煸炒。

（3）加适量清水，加酱油、醋、料酒、盐调味，大火煮沸后改小火炖熟，出锅前淋少许酱油，点缀上香菜叶即可。

推荐理由：这款菜富含维生素A和优质蛋白质，有养肝明目、促进肝脏排毒的功效。

炸胡萝卜盒

原料：胡萝卜300克，鸡蛋30克

调料：面粉、淀粉、植物油、盐各适量

做法：

（1）胡萝卜去皮、洗净，切成圆片，用盐腌渍入味。

（2)将鸡蛋打散、制成蛋液，加淀粉、面粉、少许清水调成蛋糊。

（3）锅入油烧热，将胡萝卜片逐片裹蘸上蛋糊，入油锅中炸熟，捞起控油即可。

推荐理由：这款菜外酥里嫩、营养丰富、味道鲜美，有良好的促食欲、增免疫、防疾病的功效。

◆韭菜

韭菜又叫长生草，颜色碧绿，味道微辛、鲜美、浓郁，具有独特的口味，经常用来做馅、炒食，还可入药。医学研究发现，常吃韭菜可以预防便秘、心血管疾病和肠癌。

此外，韭菜中含有的植物性芳香挥发油，能促进食欲，疏调肝气，增进健康。韭菜所含的硫化物能促进人体吸收维生素A和维生素B_1，从而增强人体免疫力和提高抗病能力。

因此雾霾来袭时，铁路职工不妨适当吃些韭菜，预防疾病。韭菜的用途见表4-8。

表4-8　韭菜的用途

营养成分	蛋白质、脂肪、碳水化合物、膳食纤维、胡萝卜素、维生素A、B族维生素、维生素C、维生素E、泛酸、烟酸及钙、铁、磷等矿物质
选购方法	以叶子颜色呈浅绿色、叶片硬直、根部有水分的为佳
搭配宜忌	韭菜+鸡蛋√　韭菜+虾皮√　韭菜+鳝鱼√ 韭菜+蜂蜜×　韭菜+菠菜×
不宜人群	胃肠虚弱者、眼病患者、溃疡病患者不宜食用

助肝排毒这样吃

韭香蛋皮

原料：嫩韭菜150克，鸡蛋2个

调料：青红椒丝、盐、白糖、姜丝、香油

做法：

（1）将韭菜洗净，用开水烫至断生，切成3.5厘米长的段，放入盘中。

（2）鸡蛋打入碗内，加少许盐打散，摊成蛋皮，出锅切成蛋丝。

（3）把蛋丝放在韭菜段上，加入盐、白糖、香油，撒上青红椒

丝，装入盘中即可。

推荐理由： 韭菜含纤维素较多，能促进肠胃蠕动，常吃不仅可补益肝肾，促进排毒，还有助于肠道健康。

虾皮炒韭菜

原料： 虾皮50克，韭菜300克

调料： 葱丝、姜丝、植物油、醋、盐各适量

做法：

（1）韭菜洗净，切成长段。

（2）锅入油烧热，放入葱丝、姜丝炒香，倒入虾皮炒至色泽转深且变酥，捞出沥油。

（3）放入韭菜，调入盐煸炒至韭菜断生，色泽翠绿，淋上醋，出锅装盘即可。

推荐理由： 虾皮营养价值很高，与韭菜搭配食用，具有补肝肾、排毒素、增强免疫力的功效。

核桃仁炒韭菜

原料： 核桃仁50克，韭菜250克

调料： 盐、鸡粉、植物油各适量

做法：

（1）韭菜择洗干净，切段；核桃仁放入清水中浸泡20分钟，去皮，切成小块。

（2）净炒锅置火上，倒入适量植物油，待油温烧至五成热时放入核桃仁块炒熟，盛出。

（3）炒锅留少许底油烧至八成热，加入韭菜段炒熟，放入炒熟

的核桃仁翻炒均匀，加入盐和鸡粉调味，出锅装盘即可。

推荐理由：核桃有养肝护肝的作用，和韭菜一起食用，可以很好地补益肝肾、护肝排毒，适合雾霾天食用。

◆ 猪血

猪血是理想的补血佳品。研究发现，猪血中富含铁元素，且以血红素铁的形式存在，易于被人体吸收利用，可以很好地补血养肝。

此外，猪血可以有效清除肠道内的沉渣浊垢，对尘埃及金属微粒等有害物质有净化作用，是人体污物的"清道夫"。因此，雾霾天应该适当地吃点猪血，以减轻肝脏负担。猪血的用途见表4-9。

表4-9　猪血的用途

营养成分	蛋白质、脂肪、碳水化合物、维生素A及钙、铁、磷、锌、铜等矿物质
选购方法	以外表呈暗红色、质地较硬、切开后有不规则小孔的为佳
搭配宜忌	猪血+韭菜√　猪血+菠菜√　猪血+豆腐√ 猪血+黄豆×　猪血+海带×
不宜人群	患有高血压、冠心病、肝病和高胆固醇血症的患者不宜多食

助肝排毒这样吃

猪血腐竹粥

原料：猪血、腐竹各50克，粳米100克

调料：葱花、胡椒粉、盐各适量

做法：

（1）猪血洗净，切成块；腐竹泡发、洗净，切成条；粳米淘洗干净。

（2）锅中加适量清水，放入粳米，煮至粥七成熟。

（3）放入猪血、腐竹，继续煮至粥熟，加少许胡椒粉、盐调味，撒上葱花即可。

推荐理由：这款粥香滑爽口，女性朋友经常食用可补血养肝、促进排毒、美容养颜。

猪血菠菜汤

原料：猪血、豆腐各100克，菠菜200克

调料：盐适量

做法：

（1）将豆腐、猪血分别洗净，切成小块；菠菜洗净切段，入沸水中焯一下。

（2）锅中加适量清水，大火煮沸，放入豆腐、猪血、菠菜一起炖煮，最后加适量盐调味即可。

推荐理由：这款汤滋味鲜美，营养丰富，解毒润肠，不仅能防治缺铁性贫血，还能有效促进体内的尘埃及重金属排出。

益肾防霾，少不了黑色食物

肾脏也是人体非常重要的排毒器官。雾霾来袭时，当人体吸入大量的PM2.5时，势必加重肾脏的排毒负担。当肾脏由于工作量的增大而变得疲惫不堪时，肾脏的排毒功能就会受损，严重者还会引发肾脏疾病。因此，在雾霾天气里，铁路职工应适当多吃些养护肾脏、助肾排毒的食物。中医认为，五色中的黑色与五脏中的肾相对应，黑色食物可入肾，起到补肾的作用，比如黑豆、黑木耳等黑色食物都有很好的益肾排毒的作用。

◆黑豆

黑豆可以巩固肾脏功能，对排毒有很大的帮助，是一种利尿排毒的食品。黑豆中的微量元素，如锌、铜、镁、钼、硒、氟等含量都很高。而这些微量元素对降低血液黏稠度非常重要，有助于清除血液中的毒素和垃圾，净化血液。黑豆的用途见表4-10。

表4-10 黑豆的用途

营养成分	蛋白质、脂肪、碳水化合物、膳食纤维、胡萝卜素、维生素、核黄素、花青素、异黄酮及钙、钾、磷、硒等矿物质
选购方法	以颜色乌黑发亮、颗粒饱满、大小均匀、不掉色、无干瘪、无虫蛀者为佳
搭配宜忌	黑豆+红枣√　黑豆+鲤鱼√　黑豆+枸杞√ 黑豆+鸡肉　黑豆+柿子×　黑豆+蓖麻子×
不宜人群	肠胃功能虚弱者不宜食用

益肾防霾这样吃

黑豆粳米粥

原料：黑豆50克，红枣50克，粳米100克

调料：红糖适量

做法：

（1）将黑豆洗净，放入清水中浸泡3小时，捞出沥水。

（2）粳米洗净，放入清水中浸泡30分钟；红枣洗净，去核备用。

（3）锅中加适量清水，倒入黑豆和粳米，开大火煮沸后改小火煮约10分钟。

（4）将红枣放入锅中，继续小火熬煮成粥，加适量红糖调味即可。

推荐理由：黑豆与红枣搭配煮粥，非常适合雾霾天食用，有良好的益肾、补气养血的作用。

黑豆豆浆

原料：黑豆100克，黄豆60克

调料：蜂蜜适量

做法：

（1）将黑豆、黄豆分别洗净，用清水浸泡一夜。

（2）将泡好的黑豆、黄豆放入豆浆机中，加适量温开水，搅打成豆浆。

（3）将豆浆倒入杯中，放至温热，加少许蜂蜜调味即可。

推荐理由：黑豆与黄豆搭配制作豆浆，营养更丰富，富含蛋白质、人体必需的氨基酸、多种维生素及矿物质。

◆黑芝麻

黑芝麻是生活中比较常见的一种食物，具有较高的营养价值、美容价值和药用价值，有润五脏，强筋骨、益气力等作用，还可延缓衰老。研究发现，黑芝麻所含的维生素E，具有较强的抗氧化功能，能保持肌肤白皙光泽、减少皱纹的产生。

此外，黑芝麻还有很好的补肾功效，经常吃黑芝麻可以补肝肾、益精血、润肠燥。所以，在雾霾天多吃些黑芝麻可以养护肾脏，帮助肾脏排毒。黑芝麻的用途见表4-11。

表4-11　黑芝麻的用途

营养成分	蛋白质、脂肪、碳水化合物、膳食纤维、维生素E、核黄素、尼克酸及钙、钾、镁、磷等矿物质
选购方法	以色泽鲜亮、颗粒饱满、断口呈白色、无杂质、无虫蛀的为佳
搭配宜忌	黑芝麻+核桃√　黑芝麻+红枣√　黑芝麻+木耳√ 黑芝麻+蜂蜜√　黑芝麻+海带√　黑芝麻+鸡肉×
不宜人群	患有慢性肠炎、便溏腹泻者不宜食用

益肾防霾这样吃

黑芝麻蜂蜜糊

原料：黑芝麻100克，蜂蜜100克

调料：无

做法：

（1）将黑芝麻拣净，炒香，晾凉，捣碎。

（2）将处理好的黑芝麻装入瓷罐内，加入蜂蜜搅匀至糊状即可。

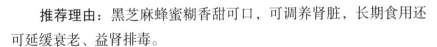

推荐理由：黑芝麻蜂蜜糊香甜可口，可调养肾脏，长期食用还可延缓衰老、益肾排毒。

黑芝麻香奶粥

原料：黑芝麻25克，粳米100克，鲜牛奶200毫升。

调料：白糖少许。

做法：

（1）黑芝麻洗净；粳米洗净，用清水浸泡30分钟。

（2）锅中加适量清水，倒入粳米及泡米水大火煮沸，改小火熬煮成粥。

（3）倒入鲜牛奶，改中火煮沸，加适量白糖调味，最后撒上黑芝麻即可。

推荐理由：此品有养肾润燥、润肠通便、降脂减肥的作用，肥胖的人在雾霾天食用，不仅可以益肾排毒，还可以瘦身减肥。

黑芝麻猪肉汤

原料：黑芝麻60克，瘦猪肉250克，胡萝卜40克

调料：葱、姜、盐、麻油各适量

做法：

（1）黑芝麻洗净；瘦猪肉洗净，切小块；胡萝卜洗净，切小块。

（2）黑芝麻、瘦猪肉、胡萝卜一起放入砂锅中，煲50分钟。

（3）放入盐、葱、姜和麻油调味即可。

推荐理由：此汤味道可口，营养丰富，有良好的健脾胃、益肺肾的功效。

◆海带

海带是身体排毒的好帮手，因其低热量、低脂肪、高膳食纤维而深受人们欢迎。现代研究发现，海带中含有一种多糖物质，能够有效清除附着在血管壁上的胆固醇；所含的褐藻胶能在肠道内形成胶状物质，不仅能阻止人体对铅、镉等重金属的吸收，而且有助于将其排出体外。

此外，中医认为，海带有温补肾气、软坚散结、利水通便、降

脂降压的功效。常吃海带不仅可以防止动脉硬化，还能促进有害物质排出体外。因此，铁路职工在雾霾天不妨适当多吃些海带。海带的用途见表4-12。

表4-12　海带的用途

营养成分	蛋白质、脂肪、糖类、膳食纤维、胡萝卜素、维生素B_1、维生素B_2、维生素C、褐藻胶、甘露醇、尼克酸及碘、钙、磷、铁等矿物质
选购方法	以表面有白色粉末附着、颜色呈浓绿或紫中微黄、叶片宽厚、不粘手、无枯黄叶、无杂质的为佳
搭配宜忌	海带+紫菜√　海带+黑木耳√　海带+猪肉√ 海带+猪血×　海带+柿子×
不宜人群	孕期和哺乳期女性、脾胃虚寒者慎食，甲亢和肠炎患者应忌食

益肾防霾这样吃

凉拌海带丝

原料：海带150克，白芝麻10克，红辣椒50克

调料：姜丝、盐、白糖、淡色酱油、香油、植物油各适量

做法：

（1）海带用清水略泡后洗净，放入沸水中汆烫，捞出，挤干水分，切丝。

（2）红辣椒洗净，去蒂去籽，切丝，加入海带丝、白糖、姜丝、盐、淡色酱油拌匀。

（3）锅中倒入植物油烧热，放入白芝麻小火炒香，然后连芝麻带油一同倒入海带中充分搅拌，待凉后淋上香油即可。

推荐理由：这款菜制作简单，营养丰富，经常食用有补益肾脏、通便排毒的功效，雾霾天不妨经常食用。

海带木耳瘦肉汤

原料：海带150克，干黑木耳30克，猪瘦肉50克

调料：味精、盐各适量

做法：

（1）将黑木耳泡发后洗净、切丝，海带洗净后切丝，猪瘦肉洗净后切丝。

（2）锅中加适量清水，煮沸后放入猪肉丝、海带丝和黑木耳丝，大火煮沸后改小火继续煮两分钟。

（3）最后加适量味精和盐调味即可。

推荐理由：海带、黑木耳都是公认的排毒好食材，两者与猪瘦肉搭配煲汤，不仅营养更加丰富，而且有良好的清肺、排毒功效。

◆黑木耳

黑木耳因形似耳朵、颜色呈黑褐色而得名，它质地柔软，富有弹性，味道鲜美，被营养学家盛赞为"素中之荤"。中医认为，黑木耳有补肾养胃、益气等功效，可用于辅助治疗咳嗽、咯血、便秘等症。

现代医学研究发现，黑木耳中的胶质能吸附人体消化系统中残留的灰尘和杂质，并排出体外，有利于清胃涤肠。黑木耳中富含膳食纤维，不仅可以促进肠道内脂肪食物的排泄、减少对食物中脂肪的吸收，预防肥胖，还有排毒养颜的功效。因此，雾霾天来袭，铁路职工不妨多吃些黑木耳。黑木耳的用途见表4–13。

表4-13　黑木耳的用途

营养成分	碳水化合物、蛋白质、胡萝卜素、胶质、膳食纤维、多种氨基酸、维生素、叶酸、烟酸及钙、铁、钾、镁、磷等矿物质
选购方法	以乌黑有光泽、背面为暗灰色、耳瓣略展、无结块的为佳
搭配宜忌	黑木耳+海带√　黑木耳+白菜√　黑木耳+猪肝√ 黑木耳+莲藕√　黑木耳+红枣√　黑木耳+茶×
不宜人群	孕妇、腹泻者及患有出血疾病的人不宜食用

益肾防霾这样吃

黑木耳炒黄瓜

原料：黄瓜450克，水发黑木耳100克

调料：葱花、生姜末、盐、植物油各适量

做法：

（1）黄瓜去蒂，洗净，切成片；水发黑木耳洗净，撕小朵。

（2）炒锅置火上，放入适量植物油烧热，先放入葱花、生姜末稍炒，再放入黄瓜片、水发黑木耳迅速翻炒，加入盐调味，翻炒均匀，出锅即可。

推荐理由：这款菜清香爽口，有良好的清热解毒、养肾洗肠之功效，非常适合雾霾天排毒食用。

黑木耳炒猪肝

原料：猪肝200克，干黑木耳30克

调料：葱末、姜丝、豌豆淀粉、植物油、香油、料酒、味精、盐各适量

做法：

（1）将黑木耳用冷水泡发，拣杂撕朵，洗

净备用。

（2）猪肝洗净后切薄片，用湿淀粉抓芡均匀，放热水中焯一下，沥干水分。

（3）锅入油烧热，下猪肝片翻炒数下，加料酒、葱末、姜丝、盐，把猪肝煸炒至熟透，倒漏勺里沥油。

（4）用锅底的油将黑木耳用大火翻炒至熟，再把猪肝回锅，加味精、香油稍炒即可。

推荐理由：这是一款味道和功效极佳的补肝益肾的佳肴，还具有明目补血、防病强身等功效。

黑木耳芦笋汤

原料：黑木耳200克，芦笋50克

调料：香油、味精、盐各适量

做法：

（1）将黑木耳泡发后洗净、撕成小朵，芦笋洗净后切成片备用。

（2）锅中加适量清水，煮沸后倒入黑木耳和芦笋片，加适量味精和食盐调味，继续煮3分钟，最后淋入香油即可。

推荐理由：这款汤制作简单，雾霾天不妨经常食用，不仅能促进身体排毒，还有很好的降压通便、防癌瘦身的功效。

铁路职工防霾排毒水果不可少

雾霾天最大的危害就是对我们的呼吸道和肺部造成伤害，因此要注重选择清肺、润肺、润喉等对呼吸道有保护作用的食物。同时，适当吃一些新鲜水果，也可有效促进身体的新陈代谢，增进排毒，减少人体对有害物质的吸收。

◆橙子

橙子外观鲜艳美观、味道酸甜可口，不仅可以鲜食，还可榨汁食用。橙子中维生素C和胡萝卜素含量丰富，每天吃一个橙子，能增强人体的抵抗力，防止霾毒的侵害。橙子中含有大量的果胶和膳食纤维，能吸附肠道内有害物质并促进肠胃蠕动排出体外，具有清肠通便、降低血脂的作用。此外，常吃橙子还可以减少皮肤黑色素沉淀，有助于美白肌肤、淡化黑斑和雀斑，恢复肌肤弹性。因此，橙子是雾霾天里防病毒、护肌肤不可缺少的水果。橙子的用途见表4-14。

表4-14 橙子的用途

营养成分	含蛋白质、碳水化合物、膳食纤维、胡萝卜素、维生素A、B族维生素、维生素C、维生素E、维生素P、泛酸、烟酸及钙、钾、磷等矿物质
选购方法	以颜色佳、有光泽、大小中等、皮薄而紧致、果实坚实的为佳
搭配宜忌	橙子+橘子√ 橙子+胡萝卜√ 橙子+银耳√ 橙子+槟榔× 橙子+牛奶×
不宜人群	一次不宜多吃，糖尿病患者忌食

防霾排毒这样吃

柳橙果蔬汁

原料：柳橙2个，胡萝卜1根，芹菜1/2根

调料：蜂蜜适量

做法：

（1）胡萝卜放入清水中洗净，去皮，切成小方块；芹菜择去芹菜叶，洗净，切成小段。

（2）柳橙洗净，剥去外皮，切成小块，放入榨汁机中，压榨成柳橙汁。

（3）将处理好的胡萝卜块、芹菜段一起倒入搅拌器内，倒入榨好的柳橙汁，搅拌均匀，放入过滤网中过滤、去渣，加入适量蜂蜜调味，饮用即可。

推荐理由：这款果汁富含维生素，能增强人体抵抗力，很适合雾霾天食用。

◆荸荠

荸荠俗称马蹄，又名地栗，因它形如马蹄，又像栗子而得名。荸荠皮色紫黑，肉质洁白，味甜多汁，被赞誉为"地下雪梨"，北方人视之为"江南人参"。荸荠有清热去火、凉血解毒、利尿通便、化痰止咳、消食除胀、养护咽喉的功效，很适合肺热咳嗽而痰多、色黄、黏稠者食用。因此，在雾霾天里，铁路职工可以常食用荸荠。荸荠的用途见表4-15。

表4-15 荸荠的用途

营养成分	含蛋白质、膳食纤维、B族维生素、胡萝卜素、维生素C、钙、磷、铁、锌等成分，其中磷的含量是根茎类蔬菜中最高的
选购方法	以个大洁净、色泽紫红、皮薄肉细、味甜爽脆、没有渣者质为佳
搭配宜忌	荸荠+香菇√　　荸荠+橙汁√　　荸荠+兔肉√ 荸荠+黑木耳√　　荸荠+豆浆√
不宜人群	消化力弱、大便溏泄、脾胃虚寒者不宜食用

防霾排毒这样吃

橙汁荸荠

原料：荸荠300克、鲜橙汁100毫升

调料：白糖适量

做法：

（1）荸荠去皮、洗净，放入沸水中煮熟，捞出冲凉。

（2）将荸荠放入碗中，倒入橙汁拌匀，腌

渍10～15分钟。

（3）如果喜欢吃甜食，还可以加少许白糖调味。

推荐理由：橙汁荸荠食用起来清甜嫩脆，有清热消暑、清肺化痰、润肠通便的功效，适合雾霾天咽喉不舒服的人食用。

◆ 葡萄

葡萄是一种大众水果，营养价值很高，可生食或制成葡萄干，也可用来酿酒，可谓是"果中珍品"。现代研究发现，葡萄糖中的类黄酮是一种强效抗氧化剂，能清除体内的自由基，维持细胞活力，延缓人体衰老。葡萄中含有聚合苯酚，能使病毒和细菌失去传染能力，提高人体的抗病能力。此外，雾霾天污染严重，常常使人心情郁闷、胃口不好，适当吃些葡萄，不仅能补充维生素及矿物质，还能健脾和胃，增加食欲。葡萄的用途见表4-16。

表4-16　葡萄的用途

营养成分	含蛋白质、葡萄糖、果糖、少量的蔗糖、木糖、酒石酸、草酸、柠檬酸、苹果酸，还含有各种花色素的单葡萄糖甙和双葡萄糖甙等营养成分	
选购方法	以果串大、果粒饱满、颜色较深，有光泽，表面附有白霜者为佳	
搭配宜忌	葡萄+柠檬√　　葡萄+枸杞√　　葡萄+糯米√ 葡萄+樱桃√　　葡萄+螃蟹×　　葡萄+虾×	
不宜人群	糖尿病、腹泻、脾胃虚寒者应少食	

防霾排毒这样吃

葡萄梨奶汁

原料：葡萄干20克，梨1个，鲜奶300毫升，哈密瓜1/4个

调料：炼乳适量

做法：

（1）梨洗净削皮，去核，切成小块；葡萄

干放入温水中浸泡20分钟左右，至完全泡发。

（2）哈密瓜洗净，削去外皮，除去籽，切成小块。

（3）将切好的梨块、哈密瓜块、葡萄干、鲜奶、炼乳一同倒入榨汁机内，打成汁，用过滤网过滤、去渣，饮用即可。

推荐理由：梨是润肺止咳的好食材，葡萄健脾开胃，因此这款葡萄梨奶汁很适合雾霾天食用。

◆苹果

苹果味甜，口感爽脆，是普通的水果，也是最常见的水果。其富含丰富的营养素，是世界四大水果（苹果、葡萄、柑橘和香蕉）之冠。俗话说："每天吃一个苹果，医生远离我！"这虽然有些夸张，但由此可见苹果的营养和药用价值不一般。苹果的用途见表4-17。

表4-17　苹果的用途

营养成分	富含糖、蛋白质、果胶、苹果酸、烟酸、抗氧化物、胡萝卜素、B族维生素、维生素C、纤维素以及钙、磷、铁、锌、钾、镁、硫等矿物质
选购方法	以果皮光洁、颜色艳丽、气味芳香、软硬适中，果皮无虫眼和损伤者为佳
搭配宜忌	苹果+牛奶√　　苹果+樱桃√　　苹果+燕麦√ 苹果+香蕉√　　苹果+海鲜×
不宜人群	胃寒、脾胃虚弱，特别是溃疡性结肠炎的人不宜生吃苹果

防霾排毒这样吃

拔丝苹果

原料：苹果400克，鸡蛋1个

调料：熟芝麻、淀粉、植物油、白糖各适量

做法：

（1）苹果洗净，去皮、心，切成3厘米见方

的块；鸡蛋打散，加淀粉、清水调成蛋糊，放入苹果块挂糊。

（2）锅入油烧热，下苹果块，炸至苹果外皮脆硬，呈金黄色时，捞出沥油。

（3）锅留底油烧热，加入白糖，用勺不断搅拌至糖溶化，糖色成浅黄色有粘起丝时，倒入炸好的苹果，边翻炒边撒上芝麻即可。

推荐理由：此品酸甜爽口，营养丰富，可增强食欲、补钙强身、润肺养肾，长期食用还可美白润肤。

◆甘蔗

甘蔗汁多味甜，营养丰富，被称为果中佳品，因此有"秋日甘蔗赛过参"之说。中医认为，甘蔗有良好的滋阴润燥、清热润肺、和胃宽肠的功效，对于雾霾天引起的口干舌燥、咽喉疼痛、消化不良、便秘呕吐有不错的缓解作用。

此外，甘蔗中含有大量人体必需的矿物元素，其中铁的含量特别多，居水果之首，故甘蔗素有"补血果"的美称。甘蔗含有大量食物纤维，反复咀嚼可以起到清除口腔细菌、美容脸部的作用。甘蔗的用途见表4-18。

表4-18　甘蔗的用途

营养成分	含蔗糖、多糖、脂肪、蛋白质、有机酸、维生素 B_1、维生素 B_2、维生素 B_6、维生素C及钙、磷、铁等矿物质
选购方法	以粗细均匀、节数较少、质地坚硬、瓤部呈乳白色、有清香味者为佳
搭配宜忌	甘蔗+萝卜√　　甘蔗+百合√　　甘蔗+山药√ 甘蔗+生姜√　　甘蔗+白酒×　　甘蔗+牛奶×
不宜人群	糖尿病患者忌食；脾胃虚寒、脘腹冷痛者不宜食用

防霾排毒这样吃

甘蔗粥

原料：甘蔗500克，粳米100克

调料：无

做法：

（1）甘蔗洗净，去皮，切成小块，放入榨汁机中榨汁。

（2）粳米淘洗干净，放入锅中，加适量清水，大火煮沸，改小火熬煮成粥。

（3）出锅前倒入甘蔗汁，搅拌均匀，再次煮沸即可。

推荐理由：这款粥有滋阴润燥、清热润肺的功效，可用于缓解虚热咳嗽、热病津伤、口干舌燥等症，非常适合雾霾天食用。

◆无花果

无花果，又名天生子、文仙果、密果等，既可以生吃，又可以烹饪或加工食用，且无论是干品还是鲜品，都有很好的药用价值。无花果有健胃清肠、解毒消肿、润肺利咽的功效，适用于食欲不振、消化不良、腹泻、咽喉肿痛、咳嗽多痰等症。无花果的用途见表4-19。

表4-19　无花果的用途

营养成分	含蛋白质、膳食纤维、果胶、葡萄糖、果糖、蔗糖、维生素C、维生素B_1、维生素D、维生素E及钠、钾、钙、磷、铁等矿物质
选购方法	以外表丰满、色紫红、无酸味、触感稍软并且没有损伤者为佳
搭配宜忌	无花果+雪梨√　无花果+银耳√　无花果+玉米√ 无花果+粳米√　无花果+豆腐×
不宜人群	脂肪肝患者、脑血管意外患者、腹泻者、糖尿病患者不宜生食

防霾排毒这样吃

无花果粥

原料：粳米100克，无花果30克

调料：冰糖适量

做法：

（1）粳米洗净，加适量清水浸泡30分钟；无花果洗净，去皮。

（2）锅中加适量清水，放入粳米及泡米的水，熬煮成粥。

（3）粥八成熟时，加入无花果继续煮至粥熟，加适量冰糖稍煮即可。

推荐理由：此粥制作简单，有很好的养阴清热、止咳化痰的功效。

◆枇杷

枇杷形如黄杏，柔软多汁，味道甜美，与樱桃、梅子并称为"三友"。枇杷富含人体所需的各种营养元素，能有效补充机体营养成分，提高机体的抗病能力。

枇杷中所含的有机酸能刺激消化腺分泌，可增进食欲、帮助消化吸收，还有清热、生津止渴之功效，对胃阴不足、口渴咽干、中暑等都有很好的疗效。枇杷核中含有苦杏仁苷，能够镇咳祛痰，治疗各种咳嗽；枇杷果实及叶有抑制流感病毒的作用，可以预防四季感冒。枇杷的用途见表4-20。

表4-20 枇杷的用途

营养成分	含蛋白质、脂肪、糖类、膳食纤维、果胶、胡萝卜素、鞣质、苹果酸、柠檬酸、维生素A、B族维生素、维生素C及钙、磷、铁、钾等矿物质
选购方法	以个头大而匀称、呈倒卵形、果皮橙黄、绒毛完整、多汁、皮薄肉厚、无青果者为佳
搭配宜忌	枇杷+蜂蜜√ 枇杷+香蕉√ 枇杷+川贝√ 枇杷+黄瓜× 枇杷+白萝卜×
不宜人群	脾虚泄泻者、糖尿病患者不宜食用

防霾排毒这样吃

苹果枇杷汁

原料：苹果1个，枇杷5个

调料：柠檬汁少许

做法：

（1）苹果去皮、洗净，切成小块。

（2）枇杷去皮、去籽，洗净，切成块。

（3）将苹果块、枇杷块、柠檬汁、少许凉开水一起放入榨汁机中榨汁。

（4）将榨好的苹果枇杷汁过滤去渣，倒入碗中即可饮用。

推荐理由： 这款果汁简单易学，经常饮用可促进排毒、润肺止咳、增强免疫。如果喜欢甜甜的口味，建议多放一点白糖。

铁路职工养肺防霾中草药推荐

当雾霾天气出现的时候，很多人都会出现一些不适症状，比如咽喉疼痛、咳嗽、呼吸困难等，这虽然只是一些小问题，但如果不加重视，就可能会引起严重疾病，危害身体健康。专家指出，如果积极预防，或者在这些症状刚刚出现的时候采取合理的措施，就会避免病症的恶化。

为此，健康专家推荐了一些有养肺防霾作用的中草药，比如胖大海、罗汉果等，在雾霾天里，铁路职工可以根据自己的实际情况选择食用。

◆胖大海

胖大海，又叫大海、大海子。胖大海性寒凉，作用于肺经，善于清利咽喉、清泄肺热，可用于肺热声哑、咽喉疼痛、热结便秘以及用嗓过度等引发的声音嘶哑等症。但需要注意的是，由于其性寒凉，多用会损伤人体阳气，尤其会引起脾胃功能损伤，而出现腹痛、腹泻等副作用。因此，服用胖大海当见效就收，不可当作保健饮料或茶水长期饮用。胖大海的用途见表4-21。

表4-21 胖大海的用途

营养成分	含西黄芪胶黏素、半乳糖、戊糖
选购方法	优质胖大海表面颜色为棕色，质坚，形状呈椭圆形或菱形，两端发尖，表面有光泽，有不规则干缩皱纹
搭配宜忌	胖大海+橄榄√　胖大海+枸杞子√　胖大海+菊花√ 胖大海+柠檬√　胖大海+罗汉果√　胖大海+枇杷叶√
不宜人群	脾胃虚寒者、风寒感冒或肺阴虚引起的咳嗽患者、腹泻者、糖尿病及低血压患者

养肺防霾这样吃

胖大海茶

原料：胖大海4枚

调料：冰糖适量

做法：

（1）将胖大海洗净，放入杯中，加入冰糖。

（2）倒入适量沸水，泡15分钟，即可饮用。

推荐理由：胖大海有清热润肺、利咽解毒的功效，非常适合在雾霾天气里用来清咽润肺。

大海菊花饮

原料：胖大海2粒、菊花5朵、山楂5克

调料：无

做法：

（1）将胖大海、菊花、山楂清洗干净。

（2）将胖大海、菊花、山楂一起放入茶壶中，倒入沸水，盖上盖焖10分钟，即可饮用。

推荐理由：菊花可消热解毒、清肝明目，山楂能开胃，与胖大海同饮有开宣肺气、开音止咳的功效，尤其适合嗓子干、喉咙肿痛、声音嘶哑、干咳无痰者饮用。

◆罗汉果

罗汉果被誉为"神仙果"，有清热凉血、润肺止咳、生津止渴、润肠排毒的功效，对肺热或肺燥咳嗽、急性气管炎、急性扁桃体炎、百日咳有很好的辅助治疗效果，经常喝些罗汉果水还能预防呼吸道感染。罗汉果的用途见表4-22。

表4-22　罗汉果的用途

营养成分	含蛋白质、脂肪、碳水化合物、膳食纤维、维生素C、糖苷、果糖、葡萄糖、镁、铁、磷、钾、钠、硒
选购方法	优质罗汉果果形端正，色泽黄褐，果大干爽，干而不焦，摇而不响，甘甜纯正，果皮上有绒毛
搭配宜忌	罗汉果+红 枣√　罗汉果+莲藕√　罗汉果+雪梨√ 罗汉果+西洋菜√　罗汉果+菊花√　罗汉果+桂圆×
不宜人群	寒凉体质者、脾胃不和者、梦遗及夜尿者

养肺防霾这样吃

罗汉果红枣汤

原料：罗汉果2枚，莲藕100克，红枣（干）5～6粒

调料：冰糖适量

做法：

（1）莲藕洗干净，削去外皮，切成约1厘米厚的圆片。

（2）红枣在温水中浸泡约15分钟至发起，冲洗干净。

（3）将清水和冰糖放入锅中，大火烧开后放入罗汉果和红枣，改小火慢慢熬煮约20分钟，放入藕片，小火煮15分钟即可。

推荐理由：这款汤营养丰富，不仅具有滋阴养肺的作用，还能消炎清热、利咽润喉，很适合在雾霾天食用。

◆麦冬

麦冬有生津解渴、润肺止咳、清心除烦等功效，可用于肺燥干咳、津伤口渴、虚痨咳嗽、咳血、肠燥便秘、心烦失眠等。此外，麦冬可促进胰岛素细胞功能恢复、降低血糖。饮用麦冬水时，加入一点儿黄芪，可起到补气的作用，非常适合气阴两虚的糖尿病患者饮用。麦冬的用途见表4-23。

表4-23　麦冬的用途

营养成分	含β-谷甾醇、氨基酸、甾体皂苷、胡萝卜素、黏液质、糖类、豆甾醇、葡萄糖、果糖
选购方法	优质麦冬呈纺锤形，两端略尖；表面黄白色或淡黄白，有细纵纹；质柔韧，断面黄白色，半透明，中柱细小
搭配宜忌	麦冬+莲子√　麦冬+党参√　麦冬+五味子√ 麦冬+鸭肉√　麦冬+枸杞子√　麦冬+木耳×
不宜人群	脾胃虚寒者、风寒感冒者及胃有痰饮湿浊者

养肺防霾这样吃

百合麦冬瘦肉汤

原料：百合30克，麦冬15克，猪瘦肉50克

调料：盐少许

做法：

（1）百合、麦冬分别洗净；猪瘦肉洗净，切成薄片。

（2）砂锅中加适量清水，放入百合、麦冬、猪瘦肉，大火煮沸。

（3）至猪瘦肉熟烂后，加适量盐调味即可。

推荐理由：麦冬、百合都有很好的润燥养肺的作用，百合、麦冬与猪瘦肉搭配煲汤，可益肺金、降心火、养肾髓，是雾霾天滋补强身的好选择。

◆川贝

川贝有润肺止咳、化痰平喘、清热散结的功效，常用于热症咳嗽，如风热咳嗽、燥热咳嗽、肺火咳嗽。

川贝对呼吸道具有保护作用，川贝中含有的总生物碱及非生物碱具有镇咳的作用，并随着用量的加大而增强；川贝能养护咽喉，缓解咽喉干涩、疼痛；川贝对于气管炎和慢性肺炎都有一定的效果。川贝的用途见表4-24。

表4-24　川贝的用途

营养成分	含蛋白质、脂肪、维生素A、维生素C、纤维素、钾		
选购方法	优质川贝颗粒均匀、质地坚实、色泽洁白		
搭配宜忌	川贝+银耳√　川贝+麦冬√　川贝+兔肉√ 川贝+橙子√　川贝+甲鱼√　川贝+乌头 ×		
不宜人群	脾胃虚寒、寒痰及痰湿者		

养肺防霾这样吃

贝母秋梨

原料：雪梨1个，川贝、百合（干）各10克

调料：冰糖15克

做法：

（1）将雪梨洗净，靠柄部横断切开，挖去核。

（2）将川贝及干百合洗净，研碎成末，放入梨中，把梨上部拼对好，用牙签插紧。

（3）把梨放入碗中，加入冰糖、少许清水，将碗放入蒸锅内蒸40分钟，至梨肉软烂。

（4）揭开梨盖，将汁和梨肉混匀，吃梨喝汤。

推荐理由：梨有生津润燥、清热化痰的功效，川贝、百合也都是清热散结、润肺止嗽、清心安神的佳品。三者同食，有良好的润肺止咳之功效。

◆杏仁

杏仁有止咳平喘、润肠通便的功效，治疗外感引起的燥咳尤为合适。偏于风寒者配紫苏叶，偏于风热者可搭配桑叶，服用可祛痰降气，减轻肺气阻塞，使呼吸通畅，有助于平喘止咳。

此外，现代研究发现，苦杏仁能促进肺表面活性物质的合成，使肺部病变部位得到改善，并增强肺脏功能。杏仁中还含有抗氧化物质，能保护人体细胞免受破坏，可增强免疫力、延缓衰老。杏仁的用途见表4-25。

表4-25　杏仁的用途

营养成分	含蛋白质、脂肪、碳水化合物、膳食纤维、胡萝卜素、B族维生素、维生素C、维生素P、苦杏仁苷、钙、磷、镁、钾
选购方法	优质杏仁形状规整，颗粒饱满，颜色较浅，味香而新鲜
搭配宜忌	杏仁+牛奶√　杏仁+西洋菜√　杏仁+白果√ 杏仁+芹菜√　杏仁+海　带√　杏仁+猪肉×
不宜人群	实热体质者、糖尿病患者及产妇、幼儿

养肺防霾这样吃

杏仁奶茶

原料：北杏仁（甜）50克、糯米粉25克、牛奶250克

调料：冰糖、糖桂花各适量

做法：

（1）杏仁泡开后与牛奶放入搅拌机，磨细，磨好后与糯米粉拌匀。

（2）锅中加适量清水和冰糖，用中火慢慢煮，待冰糖完全化开，将拌好的杏仁浆倒入锅中。

（3）小火熬煮，边煮边搅拌，直至煮成糊状，食用时淋上少许糖桂花即可。

推荐理由：此茶中鲜奶能滋养脾胃、增强体质，加上杏仁祛痰止咳、冰糖润肺止咳，对缓解慢性支气管炎具有一定的功效。

◆玉竹

滋阴润燥、生津止渴、安神宁心是玉竹的主要功效。此外，还可滋养肺阴，预防由于肺阴不足诱发的干咳少痰、口舌干燥、失音等症。玉竹和沙参、麦冬、甘草搭配，可以有效保护嗓子。玉竹的用途见表4-26。

表4-26　玉竹的用途

营养成分	含蛋白质、碳水化合物、粗纤维、多糖、烟酸、尼克酸、铃兰苷、铃兰苦苷、山柰酚、槲皮素、黏液质、维生素A
选购方法	优质玉竹呈长圆柱形，略扁，色黄白，半透明，分支很少，具纵皱纹及微隆起的环节，质地硬而脆，易折断
搭配宜忌	玉竹+银耳√　玉竹+鸭肉√　玉竹+沙参√ 玉竹+桑叶√　玉竹+山药√　玉竹+薏米√
不宜人群	脾虚便溏者、痰湿内蕴者及大便溏稀者

养肺防霾这样吃

玉竹银耳粥

原料：玉竹15克，银耳5克，粳米100克，大枣5枚

调料：冰糖适量

做法：

（1）将玉竹、粳米淘洗干净；大枣洗净，去核；银耳用温水泡发，去除杂质洗净，撕成瓣状。

（2）将玉竹、粳米、大枣、银耳一起放入砂锅中，加适量清水，武火烧开后转文火炖至银耳熟烂、粳米成粥，最后加适量冰糖调味即可。

推荐理由：这款粥有滋阴养肺的功效，适用于气阴两伤、余热未清而致的咳嗽痰多、痰中带血、大便不爽、气短乏力等症。

◆陈皮

陈皮气味芳香，长于理气，能入脾肺，具有理气健脾、燥湿祛痰、止咳化痰的功效，常用于湿阻中焦、脘腹痞胀、便溏泄泻，以及痰多咳嗽等症。

陈皮中所含的挥发油有刺激性被动祛痰的作用，使痰液易于咳出，从而保护肺脏。陈皮的提取物具有平喘功效，能缓解哮喘症状。陈皮还常用于烹饪菜肴，起到除味、增香的作用。陈皮的用途见表4-27。

表4-27　陈皮的用途

营养成分	含膳食纤维、维生素C、维生素E、柠檬苦素、挥发油、橙皮苷
选购方法	优质的陈皮片大、色鲜、油润、质软、香气浓、味甜苦辛
搭配宜忌	陈皮+小米√　陈皮+山楂√　陈皮+茶叶√ 陈皮+半夏×　陈皮+南星×　陈皮+温热香燥药×
不宜人群	气虚体燥、阴虚燥咳、吐血及内有实热者

养肺防霾这样吃

陈皮小米粥

原料：小米60克、银耳2小朵、陈皮5克、枸杞6~8粒

调料：冰糖适量

做法：

（1）小米、陈皮分别洗净，银耳提前泡发，枸杞浸泡半小时。

（2）砂锅中加适量清水，放入陈皮、银耳，煮沸后改小火煮10分钟。

（3）放入小米，大火煮沸，改小火继续熬煮15~20分钟。

（4）放入枸杞、冰糖，继续煮10分钟即可。

推荐理由：这款粥具有健脾开胃、补虚劳的功效，能增强体质、益肺止咳。

第五章

[防霾排毒依然少不了运动]

　　我们都知道，体育运动可以排出毒素，有益身体健康。因为运动能够促进滞留在细胞中的毒素的活动，可以增加皮肤汗腺排泄毒素的数量。并且在运动中，人体温的升高将会促进血液循环，并且能使肌肉结实、改善心脏功能及增强免疫力。

　　因此，防霾排毒依然少不了运动。作为铁路员工，不论平时怎么繁忙，都要抽出一点时间做一些小运动、进行一些小锻炼，这可以全面增强体质，改善肺功能，增强抗霾能力。

雾霾天，科学运动知多少

雾霾天空气质量极差，空气中的有害物质对人的呼吸系统和心血管系统都极具危害，那么在这样的天气下，是不是就不能进行锻炼了呢？答案是否定的。在雾霾天气下，铁路职工可以进行体育运动，不过一定要讲究科学方法，以免遭到雾霾的侵害。

1. 雾霾天不宜晨练

雾霾天气时，空气中的PM2.5污染物和细菌较多，尤其是清晨更是如此。晨练时，人体需要的氧气量增加，随着呼吸的加深，雾霾中的PM2.5污染物和细菌等有害物质会被大量吸入呼吸道，从而危害健康。因此，雾霾天不要进行晨练。

2. 避免户外运动

遇上雾霾天气，尽量避免户外运动，尤其是抵抗力差的人，比如老人、小孩、孕妇以及有心血管疾病的人，一定注意不要进行户外运动。

3. 把握锻炼的时间段

雾霾天气，在空气质量许可的情况下，可以做适量的户外运动。但是运动时间要把握好，一般在上午10点左右或者下午2点到4点运动比较好，并且运动时间不宜太长。

4.不要进行激烈运动

雾霾天气要尽量避免较为激烈的运动，比如跑步、骑车、登山、跳舞等，因为在这些运动的过程中，呼吸节奏会加快、加深，吸进的有害气体会比平常多好几倍。

5.锻炼时不宜戴口罩

雾霾天气，很多人戴着口罩进行屋外运动。专家表示，雾霾天戴口罩锻炼易伤身。因为在锻炼时，人体内的需氧量会逐渐增加，防霾口罩虽然能够过滤微尘，但是会让人呼吸不畅，出现缺氧的症状，影响肌肉和关节在运动中的正常表现，会增加运动损害的几率，甚至有可能会引发脏器缺氧，对身体造成伤害。

6.室内锻炼巧选择

雾霾天可以在室内进行柔韧性、协调性、平衡性等方面的锻炼，可以选择一些像普拉提、瑜伽一样较为舒缓、可以牵拉放松身体的健身项目。当然，如果空间足够大，也可以进行有氧锻炼，比如打乒乓球、羽毛球、做健身操、跑步等，这些项目强度适中，可以锻炼腿、臀、腰腹部肌肉及心肺功能等。

7.用家务劳动代替锻炼

在雾霾天，很多患有呼吸系统疾病的人不但不能进行户外锻炼，在室内也不能进行强度太大的运动，否则呼吸会出现不适。这类人可以用家务劳动来代替锻炼，比如用吸尘器除尘、用拖把拖地、用手擦地板等，这些方式保证了运动时间和运动量，也可以增强心肺功能，锻炼身体各部位肌肉，同样能达到健身的效果。

温馨小贴士

雾霾严重，封闭的室内环境与室外可能相差无几。室内空气不好，应尽量避免剧烈运动，因为高强度的运动会导致呼吸深度和呼吸频率大幅增加，这样也会对身体造成伤害。

火车上也适合的放松拍打操

拍打操简单易学，不受时间、地点的限制。对铁路职工来说，不管是在车厢里，还是在办公室，都可以随时进行。经常做拍打操能够起到疏通全身经脉，协调全身各脏腑功能，扩张毛细血管，增加血流量，加速血液循环的作用，从而达到排出血管里的毒素、增强自身免疫力和抗雾霾的目的。

1. 肩部拍打操

自然坐在椅子上，用右手拍打左肩，用左手拍打右肩。每侧各拍打100次。

2. 背部拍打操

自然站立，全身放松，先用右手握拳拍打左侧背部，再用左手握拳拍打右侧背部。左右各拍打100次。

3. 腰腹拍打操

自然站立，全身放松，双手半握拳，以腰部为轴，左右转动。腰部向右转时，带动左手拍打右侧腰腹部，同时右手拍打左侧腰部。左右各拍打50～100次。

4. 手部拍打操

自然站立，全身放松，用右手掌或握空拳从上而下拍打左手，上、下、内、外都要照顾到，再用左手掌或握空拳同法拍打右手。每只手每面拍打50次。

5. 大腿拍打操

将腿踏在小凳上，全身放松，用双手手掌拍打右大腿，上、下、内、外都要照顾到，再用同样方法拍打左大腿。每只腿每面拍打50次。

6. 小腿拍打操

将腿踏在小凳上，全身放松，用双手手掌拍打右小腿，上、下、内、外都要照顾到，再用同样方法拍打左小腿。每只腿每面拍打50次。

温馨小贴士

拍打应先轻后重，先慢后快，刚柔相济，快慢适中，不要用力过猛。当然，你还可以拍打身体其他部位，如头部、胸部、臀部等。

健康3体操，有益强心肺

健康3体操简单易学，主要是通过上下肢做特定动作来起到强心护肺的目的，非常适合在室内锻炼。在雾霾天气里，铁路职工经常做健康3体操能有效缓解雾霾天气带来的抑郁情绪，还可以帮助肺部排出废气。

背部操

这个动作能充分地伸展脊椎，扩展胸部，增加肺活量。

动作1：双脚并拢站立，挺直腰背，双手举过头顶，手臂伸直，呼气。

动作2：吸气，身体向正后方弯曲，达到最大限度，保持10～20秒，呼气回正。

动作3：双臂伸直，弯腰，尽力向下拉伸，双腿绷直，手指触碰地面，保持5～10秒，缓慢复位后放松，重复上述动作，直至脊椎感到温暖。

 温馨小贴士

有高血压或头晕者不宜仰头过度，动作宜由慢至快，幅度由小到大，必须保持双腿绷直，否则运动效果会减弱。

双臂操

双臂操能扩展胸部，锻炼肩部肌肉，并且能强健心肺功能。

动作1：自然站立，双脚稍稍分开，抬头、挺胸、目视前方，伸直手臂，双掌放在身后，掌心相对。

动作2：按逆时针方向，从后向前转动手臂。这一过程中，能充分感受到胸部也在做不同程度的扩展运动。

动作3：双臂转动10圈，换顺时针方向再转动10圈。

温馨小贴士

整个运动过程中脊椎不要弯曲，手臂始终伸直、不弯曲，动作宜缓慢进行。

游泳操

游泳操是身体趴在地面上，模仿在水中游泳的动作。游泳的动作可以锻炼心肺功能，还能锻炼背部肌肉。

动作1：双膝跪地，臀部坐在脚跟上，两臂向前伸直，上身伸直前倾。

动作2：双臂、上身伸直，保持一条直线，向下，使上身紧贴大腿，大腿贴紧小腿。

动作3：双臂和上身向前移动，使上身贴在垫子上，身体绷直，双臂向前伸直。

动作4：两臂撑地伸直，抬起上身，保持两大腿根触地；上身缓慢向上、向后弯，头向后仰，保持10～30秒，均匀呼吸。动作顺序相反，缓慢使臀部退至脚后跟，放松，重复。

温馨小贴士

这组动作是身体向前滑行运动，动作宜适当，不可过快过重，避免划伤。

清肠操，有助肠道排毒

清肠操也非常适合铁路职工练习，因为它简单易学，并且不受时间、空间的限制。清肠操主要是通过呼吸、揉压、推压、扭转等一系列动作来促进肠道蠕动，从而达到通便、排毒、瘦身的目的。在雾霾天里，很多铁路职工尤其是户外工作者，难免会吸进一些毒素，使身体受到侵害，而清肠操可以帮助肠道把毒素排出体外。

1. 自然放松站立，两脚分开与肩同宽，然后深呼吸后慢慢吐气，要把力量放稳，尽量放轻松。

2. 自然放松站立，将两手交叉，手掌向外伸直胳膊，边吸气边慢慢把手往头上伸，然后放松，再边吐气边把手往下放。反复做5次。

3. 自然放松站立，双手半握拳。用双手拍打腰眼部位，共拍打50次，接着，从腰眼部起，拍打至臀部，共拍打50次。

4. 自然放松站立，双手半握拳，以腰部为轴，左右转动。先自左向右扭转腰部，使身体转动，再自右向左扭转腰部，使身体转动。左右各15~30次。

5. 自然放松站立，两脚分开与肩同宽，双手放于腹部，并做深呼吸，然后两手上下推按腹30~50次。

6. 自然放松站立，两脚分开与肩同宽，双掌叠放在腹部上，掌心对准肚脐，稍稍吸气后，收紧小腹，双手按顺时针方向揉20圈，然后再按逆时针方向揉20圈。

7. 坐在垫子上，膝盖弯曲，挺直腰背，锁骨向后展开，两臂自然弯曲，两手心向下放于膝盖上。左手放于右膝，挺直腰背，吸气，身体自然转向右侧，直至右手撑于身体右侧后方。然后身体再自然转向左侧，直至左手掌撑于身体左侧后方。

 **温馨小贴士**

　　腹部按摩动作要注意把握力度，以自我感觉舒适为宜。而且做腹部按摩时，无须特别的时间和地点，工作间隙、外出散步、茶余饭后均可进行。

搓鼻操，护肺通窍防感冒

　　肺主呼吸，鼻为呼吸出入之门户，这套操能疏通穴脉，增强咽、鼻、喉抵抗流感病毒侵袭的能力，促进鼻部血液循环，增强人体抗病和耐寒能力，也可防治热伤风、鼻塞不通等。

　　动作1：双手搓热，从嘴朝鼻梁、额头、两颊画圈摩擦，然后再从两颊、额头回复至鼻梁。

　　动作2：揉搓迎香穴（鼻翼边缘半寸，在鼻唇沟中），用两手中指或食指揉搓30次。

　　动作3：点按鼻通穴（鼻唇沟上端尽头、软骨与硬骨连接处），用中指以中等力量点按30次。

 **温馨小贴士**

　　揉搓时力度不要过大，以免损伤鼻部皮肤。

为铁路员工定制的扩胸操

很多铁路职工常常伏案工作，缺乏运动，使肺部组织弹性降低，心肺功能受损。经常做这套扩胸操，能够帮助铁路职工恢复肺部活力，增大肺活量，提升肺功能，以降低雾霾对呼吸系统的损害。

动作1：放松站立，双脚分开与肩同宽，双手握拳，双臂平举抬高至胸部，两拳在胸前相抵，保持上半身挺立，双臂向两侧拉伸，拉伸至极限处，恢复动作，重复10~20次。

动作2：握拳，大臂与肩平行，小臂与大臂垂直。保持姿势，双手慢慢向胸部收拢，让两肘相碰，然后分开至两侧，重复10~20次。

动作3：腰背直立、肩膀放松，双手轻轻地搭在耳朵上，使肘关节合拢在胸前相碰，然后肘关节完全向后打开，展开胸廓，重复10~20次。

 温馨小贴士

做这套体操时，可配合呼吸进行，手臂相碰时吸气，展开时呼气。

下班回家后做做趣味跳跃操

在雾霾天气里，铁路职工下班回家可以多进行跳跃运动，如跳绳、原地跳跃等。这有助于排出身体毒素，避免霾毒的侵害。

1. 蛙跳

挺胸收腹，上臂弯曲，双掌自然张开放于头两边。两腿分开全下蹲，然后向前上方跃起，四肢同时向后伸展并挺腹，立马又快速收腹回到准备姿势。反复20~30次。

2. 台阶跳

选择有数级台阶的地方，双脚并拢或分开，从地面开始，一级级连续往上跳，然后慢慢走下来，算一组。休息半分钟后再开始，重复4~8组。

3. 抬腿跳

自然站立，提起左膝，使左大腿尽量平行于地面，脚尖绷直。同时手臂直臂下压，腰背挺直，膝盖方向朝前，右脚跳起，跳10~15次。以同一方式换另一侧重复练习。

4. 下蹲跳跃

自然站立，双脚分开，与肩同宽，挺胸收腹，手持哑铃放于体前；屈膝并尽量下蹲，向上跳起，同时将持哑铃的手臂举过头顶。依个人能力逐渐增加跳跃次数。

 温馨小贴士

别看这些运动不起眼，却有良好的健身效果，不仅能锻炼四肢、促进血液循环、加速新陈代谢，而且能有效促进淋巴系统排毒。不过，需要提醒的是，老年人和心脏疾病患者慎做跳跃运动。

适合铁路员工的防霾排毒瑜伽

瑜伽是现代人修身养性的时尚运动，是一种非常适合在室内训练肌肉、延展肌肉，促进肌体排毒和释放压力、培养意念的良好方式。在雾霾天气里，我们也可以适当在室内多进行一些瑜伽训练，在促进身体排毒的同时，也给心灵来一碗鸡汤。

倒立式

这个姿势能使血液流向大脑，可有效改善失眠、消除疲劳，还增强了双肺的功能，有助于预防呼吸道疾病。

动作1：趴在垫子上，以小臂、小腿接触地面、支撑身体，使大腿、小腿成90°，大臂、小臂也成90°。

动作2：将身体重心慢慢前移，两脚脚尖踩地。头顶触地，慢慢抬起臀部，伸直双腿。尝试把重心放在头和双脚上，注意保持平衡。

动作3：调整呼吸，保持动作2姿势数秒，提起上身，放下臀部，跪坐在小腿上休息片刻，重复练习。

 温馨小贴士

做动作2时要尽量保持脊椎不要弯曲。此外，患有高血压、心脏病的人不宜练习这套动作。

[防霾排毒要预防心理中毒]

持续的雾霾天气，不仅会影响身体的健康，对人的心理也会产生不良影响。灰蒙蒙的雾霾，会给人造成沉闷、压抑的感受，会刺激或者加剧心理抑郁的状态。此外，由于雾霾天光线较弱及导致的低气压，有些人在雾霾天会产生精神懒散、情绪低落的现象。因此，雾霾天也要注意调节情绪，预防心理中毒。

欢声笑语是养肺防霾良药

中医有"常笑宣肺"一说。现代医学也认为笑能促进体内器官健康，对肺特别有益。因为笑能使胸廓扩张，肺活量增大，胸肌伸展，能宣发肺气，消除疲劳，驱除抑郁，解除胸闷，恢复体力，使肺气下降。

对呼吸系统来说，笑能使肺扩张，人在笑中还会不自觉地进行深呼吸，清理呼吸道，使呼吸通畅。此外，若能开怀大笑，可使肺吸入足量的大自然中的"清气"，呼出废气，促进血液循环。

大笑的好处还不止这些，大笑时释放出的快乐激素，能缓解身体疼痛，促进身体康复。开怀大笑能令体内的白细胞增加，促进体内的抗体循环，加速新陈代谢，增强免疫力，让人感觉活力充沛。

所以，在雾霾天里，铁路职工不妨多开怀大笑，让肺脏自在呼吸，以养肺防霾，调节情绪。也许你会觉得自己整天忙于工作，为生活奔波，能让自己开怀大笑的事太少了，怎么办呢？那就为自己制造一些开怀大笑的机会吧。

1.多看些喜剧

看喜剧、小品或笑话，别人滑稽的表演或轻松愉快的剧情在不经意间会让你开怀大笑、身心愉悦。看完之后，还可以不断回想令你开怀大笑的画面或语言，让自己随时都能处于开心的状态中。

2.对着镜子大笑

每天清晨不妨先对着镜子给自己一个微笑吧，同时你也会收到镜子对你友善的微笑。心理学家指出：经常对着镜子做出笑的样子，哪怕是装模作样，也能激发你笑的潜能，提高你对幽默的感受能力。

3. 让自己幽默起来

不要羡慕卓别林的幽默细胞，你也可以让自己变得幽默起来。首先，就是要把自己的心敞开，让自己学会放轻松；然后让自己每天的心情变得很快乐，这样别人和你相处时，你自然会把快乐的感觉带给别人，你每天也会被笑声包围。

温馨小贴士

大笑有益于人体健康，不过需要注意的是，如果突然开始强烈的大笑，易引起呼吸肌紧张导致岔气。心肌梗死患者在发作期或恢复期不宜大笑，以免加重心肌缺血。高血压和动脉患者大笑过度时，会导致肾上腺素分泌过多，导致血管收缩、血压升高，易诱发心肌梗死。

雾霾来袭，心情郁闷怎么办

天气与人的情绪有密切关系。阳光明媚能使人积极、乐观，而雾霾则容易使人郁闷、消沉。在雾霾天气里，低落、郁闷、压抑等不良情绪容易堆积在人的心里，变成"心毒"，从而影响个人的工作、人际交往，甚至损害健康。

此外，心理和身体是相互影响的，当心情处于积极的状态时，才能使身体处于最佳的功能状态，

增强对雾霾的抵抗力，促进身体排毒。为此，在雾霾天气，铁路职工要保持一个好情绪，如果心里郁闷，不妨尝试以下做法。

1. 积极自我暗示

积极自我暗示能在不知不觉中对自己的意志、心理以至生理状态产生积极的影响。所以，心情不好时，多给自己一些积极的自我暗示，如"我会度过开心这一天""我一定可以""我每天都在进步"。另外，还要时刻提防自己的负面暗示，拒绝"做不到""不可以""糟糕""倒霉"等负面词语。

2. 大哭一场

心情郁闷时，要学会发泄情绪，可以痛痛快快地大哭一场，然后心理的不快就会消失大半。痛快地哭泣可以将身体内部的压力释放出来，强忍眼泪会影响人体健康，所以当感觉委屈、愤怒、悲伤时，要遵从自己的感受，允许自己放声痛哭。

3. 适当宣泄

心情郁闷时，不要一味地压抑自己，你可以到树林、旷野中吼一吼，宣泄不良的情绪，并且大自然的环境还有净化心灵的魔力。另外，高声歌唱也是不错的宣泄方式，嘹亮的歌声也能帮你赶走糟糕的情绪。

4. 做自己喜欢的事

心理学家指出，心情压抑的时候，可以通过旅游、听音乐、看电影、与友人倾诉等来得到缓解。如果不希望被打扰，也可以选择在安静的室内，为自己烹饪美食，并为自己播放一部想看的电影，最好是幽默搞笑的影片。

5. 适当运动

心情郁闷的时候，你可以到健身房做一些运动，当然也可以戴上耳机到室外慢跑半小时，直到大汗淋漓才停止。心理学家指出，通过运动出汗的方式可以宣泄部分负面情绪，让心情好起来。

温馨小贴士

心理学家认为，穿鲜亮色的衣服能给人带来积极的心理影响。例如，穿着翠绿色、鲜橙黄、天蓝、粉红等亮色系的衣服能使人的心情变得如阳光般灿烂。所以心情不好的时候，不妨好好打扮一下自己，并穿上一件亮色的衣服。

铁路员工心理排毒之降降火气

雾霾天气里，有些人常常心情烦闷、火气很大，动不动就暴躁易怒。殊不知，怒伤身体、伤肝脏。《三国演义》中诸葛亮"三气周瑜"，周瑜竟气极大怒而吐血身亡，怒对人体的伤害可见一斑。

此外，经常发怒，不仅会使体内激素剧烈波动，而且增加了患心律不齐、心脏病、中风等疾病的风险。尤其是在易诱发心脑血管疾病的雾霾天里，铁路职工更应该学会息怒，控制自己的情绪，习惯成

自然，慢慢就变得不那么容易发火了。

具体来说，你可以采取以下方法来控制怒火。

1. 学会自警

自警，是防止发怒的第一步。当你想发怒时，赶快提醒自己：现在应该控制一下情绪，尽量避免冲动行事。

2. 忍耐一下

当你想发火的时候，先冷静地描述一下自己的感受，再想想对方会是什么感受，以此来消气。尤其在怒气产生的最初10秒，如果能忍耐一下，怒气就会渐渐平息。所以在发火前从1数到10，可以有效遏制情绪爆发。

3. 运动一下

当你愤怒的时候，可以进行一些有氧运动，比如慢跑、游泳、打球等，不仅锻炼了身体，而且还能释放愤怒情绪、放松身心、保持心情舒畅。

4. 找个"出气筒"

这里的"出气筒"可不是指那些刚好遇到你心情不好的倒霉蛋，而是市面上可以买到的各种用于发泄坏脾气的充气人或皮球。当发现自己深陷不良情绪后可以击打这些"出气筒"，随着拳头一次次地挥出，心中再大的石头也会落地了。

5. 按摩息怒

当因心情不畅而导致胸中憋闷时，不妨轻柔两肋，同时吸气和呼气。在轻柔两肋肝脏时，不仅能够促进气血运行，促使气血流畅，而且还能疏解郁结的肝气。

6. 转移注意力

遇到让你愤怒的事情，可以听听音乐、喝喝茶，做一些能让情绪平和的事情，分散一下注意力。

7.缓和情绪

在与对方说话时，尽量把话说得慢一点，平和一点，这样，有助于缓和敌对情绪，气也就会随之减少许多，同时让手静止不动，挥动手臂和拳头，只会使你越来越气。

8.谅解他人

即使对方有过错之处，你也要冷静地分析一下他做错事的缘由，不要盲目的发怒。如果不是恶意的就尽量给予谅解，消除愤怒情绪；即使是恶意的，也要以理服人，不宜以势凌人。

铁路员工心理排毒之远离抑郁

所谓抑郁，是一种不良的心理状态，即对任何事物都无兴奋点，只是用压制、消极的态度去对待。有抑郁心理的人，常常性格内向，甚至冷漠，往往爱钻牛角尖。

雾霾天气下，空气浑浊，视野模糊，能见度很差。由于久不见阳光、气压较低、外出不便等原因，人们往往会出现疲惫、情绪低落、精神郁闷等问题，更容易产生抑郁心理。因此，雾霾天气下，铁路职工要注意调节情绪，远离抑郁。

那么，在雾霾天如何才能走出抑郁的阴影呢？

1.找出郁闷所在

要了解自己的郁闷究竟是从哪里来的？如果不知道自己为什么忧愁的时候，可以拿一张纸出来，拿笔写下自己可能会忧虑的事情。然后仔细分析，看自己到底怕什么、担心什么，把它找出来，能解决的就解决，不能解决的就顺其自然，看事情如何发展。

2. 换一种思维方式

对抗抑郁的方式之一，就是有步骤地制定计划。现在，尽管令人厌倦的事情没有减少，但我们可以计划做一些积极的活动，即那些能给你带来快乐的活动。例如，如果你愿意，你可以坐在花园里看书、外出访友或散步。总之，我们需要积极的活动，否则就会像不断支取银行的存款却不储蓄一样。积极的活动相当于你有银行里的存款，哪怕你所从事的活动只能给你带来一丝丝的快乐，你都要告诉自己：我的存款又增加了。

3. 善待自己

适当享受一番也是常见的抗忧郁良方，具体的方法包括泡热水澡、吃顿美食、听听音乐等。送礼物给自己也通常是许多女性常用的方式，但不要暴饮暴食或酗酒，这对身体健康很不利。

4. 懂得珍惜

很少有抑郁的人能够意识到自己其实并非一无所有，他们整天意志消沉、暴躁易怒，其实大可不必如此，也许你为失去了什么而伤心、生气，但你仍拥有令人羡慕的一切，如健康的身体，和睦的家庭，身边的朋友等等，这些都是你的财富。千万不能再抑郁下去，否则，很有可能失去这一切美好的东西。

5. 减少自责

抑郁的时候，很多人感到自己对消极事件负有极大的责任，因此开始自责，这种现象被称作"过分自我责备"。例如当不幸事件发生或冲突产生时，他们会认为这全是他们自己的错。当出现这种情形时，你要努力跳出圈外，找出造成某一事件的所有可能的原因，这对你会有较大的帮助。

6. 助人为乐

研究发现，担任义工是很好的转移注意力的方式。你不妨到福利院、养老院等公益机构去走走，帮助那里的人解决实际的困难，通过这些活动，你不仅会发现自己的生活没那么糟糕，还会因为自己的善行变得更加快乐、豁达。

 温馨小贴士

当糟糕的事情已经发生并不可逆转时，学会安慰自己尤为重要。心理学家认为，这是减轻心理负担的行为，也属于积极的心理暗示。比如遇到雾霾天气，可以这样暗示自己：城市里的所有人都要面对这样的天气，不过我能做得更好！

铁路员工心理排毒之善待压力

生活中，压力无处不在，一定程度的压力可使肾上腺素分泌增加，让人体提高警惕，对外界变化提前做好准备。如果长期处于压力下，会造成消化不良，降低体内垃圾和毒素排出的效率。当人的压力过大时，体内垃圾和毒素会过多，体内超额的毒素会引起身体和精神上的疲劳。

因此，我们必须重视心理排毒，积极做好压力的疏导工作。以下介绍一些缓解压力的小窍门。

1. 运动减压

运动之所以能够减压，与腓肽效应有关。腓肽是身体的一种激素，被称为"快乐因子"。当运动达到一定量时，身体产生的腓肽效应能愉悦神经。通常来说，有氧运动能使人全身得到放松。

2. 呼吸减压

选一种舒适的姿势，或站或坐，将双手放在胸前，上身保持放松，吸气的同时扩展胸部，稍停，紧闭双唇，慢慢呼气，重复几次，就会感到紧张的情绪缓和了许多。

3. 写作减压

心理学家非常推崇写作减压这种方式，写作的内容是什么呢？你的压力体验，你生理、心理上的一切烦恼。研究发现，写作减压效果非常明显，只要一支笔一张纸走到哪里都可以进行。

4. 交流减压

感觉压力很大、烦恼很多，找朋友、亲人倾诉衷肠，适当宣泄一下自己的感受。当然，也可以找心理医生帮助自己，以便及时宣泄压力。

5. 静坐减压

哪怕一天里用10分钟安静地坐一坐，什么也不要做，什么也不想，闭上眼睛，放松自己。当你静坐时，心跳放慢、血压下降，也就是说，压力的症状有所减缓。

6. 想象减压

抽一点时间，集中精神想想对你来说可亲的人或可喜的事，也可以构思一幅"安静休假"的画面。即便是一些高度自我评价的单词或句子都是有效的。

💜 温馨小贴士

在国外，非常流行森林浴，郊区一般是森林浴的首选地，树木越多，负离子成分越高，可促进血液循环，提升抗压能力。事实上，亲近大自然是极好的减压方式，游山玩水、欣赏美丽风景，心情会变得非常舒畅。

音乐＋闲聊，雾霾天也有好心情

雾霾天对精神、心理、情绪等的隐性影响不容忽视，阴沉的雾霾天气很容易让人产生悲观心理，使人情绪低落。心理专家提醒，如果任由负面情绪不断叠加，就会像滚雪球一样越滚越大，最终压垮自己。

因此，当心里有郁闷、焦虑、悲伤、痛苦等负面情绪时，铁路职工最好不要逃避，要敢于直面问题，不妨与朋友聊聊天，听听音乐，将负面情绪化解掉。

音乐唤醒好心情

心理学家指出，音乐与人的情绪有密切关系，某些音乐能提高人体大脑皮层的兴奋度，使人变得平静，还能帮助人们释放压力，消除紧张、焦虑、忧郁等不良情绪。那么，在雾霾天气里，铁路职工适合听什么样的音乐呢?

1. 减轻内心焦虑的音乐

中国: 古琴曲《梅花三弄》,古筝曲《出水莲》《渔舟唱晚》,纯音乐《碧空深处》等。

外国: 纯音乐《故乡的原风景》,钢琴曲《初雪》《星空》,英文歌曲《Only Time》《The Color of the Wind》等。

2. 安抚烦躁情绪的音乐

中国: 古琴曲《高山流水》《平沙落雁》《阳关三叠》,古筝曲《春江花月夜》《云水禅心》,二胡《汉宫秋月》等。

外国: 钢琴曲《蓝色多瑙河》《致爱丽丝》《安妮的仙境》,萨克斯曲《回家》等。

3. 克服抑郁的音乐

中国: 笛子独奏《喜相逢》,二胡独奏《光明行》,京胡独奏《步步高》,流行歌曲《海阔天空》《最初的梦想》等。

外国: 踢踏舞曲《大河之舞》,英文歌曲《Vision of Love》《When You Believe》等。

4. 放松精神的音乐

中国: 古琴曲《阳春白雪》,纯音乐《琵琶语》《望春风》《彩云追月》《花溪》,马头琴曲《四季》,昆曲《游园惊梦》等。

外国: 钢琴曲《卡农》《秋日私语》,英文歌曲《Moon River》《We Are One》等。

闲聊排解郁闷情绪

心理学家建议,当发现自己情绪不好时,不妨着手策划一场与朋友的聚会,找朋友聊聊天,谈谈心。不过,与什么样的朋友约会,在什么地方会面,怎么和朋友聊天谈心,是有一定技巧的。

1. 找心仪的聊天对象

跟朋友约会的目的是通过聊天闲谈来排解内心郁闷、焦虑和痛苦等不良情绪。所以，这个闲谈对象首先必须是自己心仪的朋友。不管是异性还是同性，总之这个朋友必须是自己喜欢的，而不是单纯为了消磨时间而找个对象进行约会。

2. 选择面对面沟通

心理学家研究发现通过短信、网络聊天工具或电话的方式聊天，容易使人产生隔阂感和焦虑感。所以，想排解不良情绪一定要进行面对面的约会。在约会中，通过面对面的闲谈来缓解自己的负面情绪。

3. 会面地点很重要

用来排解心理负面情绪的约会地点，需要选择在舒适的、容易让人放松的、安静的环境里，如家里、安静的咖啡厅、江边等。

4. 倾听同样很重要

在聊天谈心的过程中，不要拼命向对方倒苦水。适度宣泄情绪和倾听对方也非常重要，否则可能会让人产生厌烦感，也很难获得对方的意见，这样的倾诉没有太大的意义。

 温馨小贴士

听音乐的时候，可以泡一杯茶，静静地欣赏音乐的无穷妙处，将自己和音乐融为一体，不知不觉中心情就会豁然开朗。也可以边做事，边听音乐，在音乐的陪伴下会发现枯燥的工作变得有趣，繁重的家务也逐渐完成。

防霾排毒，学会享受写意生活

现代社会中，工作和生活的压力，还有复杂的人际关系，往往让人喘不过气来，而一些忧伤、愤怒等负面情绪也频繁出现。尤其是在雾霾天气里，一个人如果长期处于这种情绪下，就会影响身心健康。

因此，在雾霾天里，不管工作如何繁忙，铁路职工都要学会享受写意生活，每天做些自己喜欢的事情，让自己有一个好心情。

1. 与书为伍

闲暇的时候，在阳台上摆一把椅子，为自己沏一杯清茶，打开一本喜欢的书，再来几样钟爱的美食。茶水散发出袅袅的清香，书籍挥发着淡淡的墨香，一切都那么适宜。你被淡淡的暖意包围，那种感觉真的棒极了，又怎么有时间焦虑、忧郁呢？

2. 寄情花草

养花草需要进行移盆、换盆、松土、施肥、浇水、剪枝等工作，这样可以使身体得到全面运动。此外，养花草可以愉悦身心、陶冶情操，有利于人们达到忘忧、忘我的境界。

3. 写字绘画

我国素有"书画人长寿""寿从笔端来"之说。古往今来，中国书画家长寿者比比皆是。医学专家研究发现，在可使人长寿的20种职业中，书画名列榜首。书画的养生功效在于：尽全身之力，使百脉疏通，气血通达，精神健旺；书画艺术能调节情绪，使人情志舒畅。

4. 以棋会友

下棋不仅是一种益智活动，更有利于身心健康。外出走走，与棋友相会，也是一种有意义的社交活动。如此，以棋会友还可增进友谊，加强来往，消除孤独，舒畅身心。

 温馨小贴士

雾霾天气里，每天给自己安排10分钟的独处时间也可以调节情绪。选择你喜欢的独处空间，可以是你的房间，可以是某个有情调的咖啡馆，也可以是某个没人认识你的地方。对于要求完全安静环境的人，最好选择封闭式、无人且安全的空间。

为铁路员工推荐的改善心情的好食物

许多人都知道科学饮食有益人体健康，却不知道饮食与心情也息息相关。营养学家指出，一些食物含有特殊的营养成分，能够帮助我们改善心情、增强自信。那么，哪些食物有助于改善心情呢？

1. 三文鱼

三文鱼的鱼油中含有丰富的 ω-3 脂肪酸，这种脂肪酸与常用的抗忧郁药的作用有些类似，可以调节神经传导，增加血清素的分泌量，制造幸福感。事实上，大多数深海鱼都具有这一特点。

2. 核桃

与三文鱼一样，核桃中也含有丰富的 ω-3 脂肪酸。经常吃点核桃，可以促进大脑细胞正常工作，有助于缓解抑郁情绪，让心情好起来。

3. 香蕉

我们经常吃香蕉，但许多人却不知道香蕉也是能改善心情的好食物。香蕉中的生物碱，有不错的振奋精神、提高自信的作用。此外，香蕉中还含有色胺酸和维生素B_6，它们都有助于调节心情。

4. 葡萄柚

葡萄柚果肉柔嫩、多汁爽口，有独特的香气和苦味，无论吃起来还是闻起来都让人感到舒适。营养学家研究发现，经常吃点葡萄柚不仅能增进记忆、缓解疲劳，还能净化思绪、改善抑郁情绪。

5. 菠菜

菠菜之所以被提及，是因为菠菜中含有丰富的叶酸。研究发现，如果人体缺乏叶酸，就会导致脑中的血清素减少，进而导致忧郁情绪的发生，甚至还会出现失眠、健忘、焦虑等症状。因此，叶酸与我们的心情息息相关，而经常吃点菠菜则能补充叶酸，有助于改善心情。

6. 鸡肉

鸡肉中含有丰富的维生素B_{12}，维生素B_{12}的主要功能之一就是消除烦躁不安，增强记忆及平衡感。因此，当我们焦虑不安、睡不安稳时，不妨适当多吃点鸡肉。

温馨小贴士

经常吃点粗粮也能改善心情！研究发现，没有经过精细加工的粗粮保留了大部分B族维生素，有助于维护神经系统的健康、改善不良情绪。此外，粗粮富含的碳水化合物能够增强饱腹感，避免易怒情绪。

[防霾排毒
要养成良好
习惯]

　　面对糟糕的雾霾天气，铁路职工应该少抱怨多行动，少焦躁多细心，科学应对。这就要求我们要从细节入手，养成良好的生活习惯，全面科学地进行防霾排毒。比如，适时饮水为体内大扫除、戒烟限酒提升防霾排毒能力、防霾排毒还要睡好排毒觉、按时排便也很重要……

适时饮水为体内大扫除

饮水是防霾排毒的好方法

水是人体不可或缺的物质，人体重的60%～70%都是由水构成的。体内水分充足能保证机体正常的血液循环和新陈代谢，能将氧气带到各组织器官，并将代谢产物运输到体外。其实，人的身体具备一套完整的储水系统，这些水在体内发挥着极其重要的作用，也起到了防霾排毒的作用。

1. 净化肺部

空气污染对人伤害最直接的是肺，会损害肺的防御体系。如果长期大量吸入颗粒物，肺的自净能力就会减弱，甚至遭到破坏。因此，雾霾天里，保护肺的防御系统至关重要，而补水可以提升肺的自净能力，抵抗霾毒的侵害。

因为肺泡表面得足够湿润，才能使氧气先溶于水，然后再穿过肺泡和毛细血管进入血液，二氧化碳也必须先溶于水，才能进入肺泡。因此积极补水，保持肺部湿润，有助于提升肺的防御能力。

2. 清理体内毒素

人体每时每刻都在进行着新陈代谢，体内脂肪分解所产生的废物、经过处理的蛋白质残渣等各种代谢废物、肠内宿便等，必须依靠水的作用才能排出体外，保持机体的健康和活力。充足的水分可以起到稀释毒素与废物的作用，促进肾脏的新陈代谢功能，使更多体内毒素和有害废物经过处理后排出体外。

3. 润滑机体

水在人体中无处不在，除了血液、小便、汗液，眼泪、唾液、关节囊液、浆膜液、软骨中同样含有很多水分。作为润滑剂的水分可维护脏器、关节、肌肉功能的正常活动，可以减少器官、关节之间的摩擦，避免摩擦带来的互相损害，防止眼痛、消化不良、关节疼痛、肌肉痉挛等病痛的发生。

4. 运输营养素

水的溶解力和电离能力十分强大，人体所需的各种营养物质要么溶解于水中，要么悬浮于水中，依靠水的流动作用才能被人体吸收与利用；人体所必需的氧气同样需要通过水的作用才得以顺利运输到各个组织细胞，发挥维持生命的功能。

5. 滋润皮肤

皮肤衰老的原因很多，其中最主要的原因是水分补充不足，每天补充充足的水分，可以让水分渗透到肌肤的每个细胞，皮肤自然变得更加细腻柔嫩。此外，充足的水分还可以促进人体新陈代谢以及体内毒素的排出，从而保持皮肤的清洁与光滑，防止粉刺、色斑的出现。

6.维护血液健康

人体血液的含水量高达90%，因为血液中水分的存在，血液才具有了流动的性质，才具有了输送营养物质和氧气的能力。如果人体失水过多，势必会影响人体血容量，导致低血压症状出现，降低心、肾、脑等器官的机体活性，损害人体功能。

温馨小贴士

运动会导致身体中的水分大量流失，血液中盐的浓度也会随之升高，并增加心血管运作的负担。因此，运动时必须注意及时、科学地补充水分，否则不仅会造成身体严重缺水，还会影响人体心血管的正常功能。

饮水排毒每天要喝多少水

喝水如同摄取能量，应该使摄入量和消耗量达到平衡，需要多少就补充多少，喝多、喝少都不正确。

专家表示，饮水不足无法满足人体需要，会对人体造成危害；饮水过量也不是好事，容易导致钠、钾等离子的大量流失，从而使人体电解质失去平衡，同时也容易使B族维生素、维生素C等水溶性维生素流失。

那么，为了达到良好的防霾排毒效果，铁路职工每天喝多少水才合适呢？专家建议，每日应保证1200毫升左右的饮水量。

人体每天从尿液、流汗或皮肤蒸发等流失的水分为1800～2000毫升，因此健康的成年人每天需要补充2000毫升的水分。需要注意的是，2000毫升水分不一定都由饮水获得，应该把食物里的水分一并算进去。

事实上，我们每天吃的各种食物里含有大量的水分，比如大多数水果、蔬菜含90%以上的水，而鱼类、鸡蛋中也含有约

75％的水。

简单计算一下，我们吃一餐饭，约可以从食物中获取300～400毫升的水。那么，从一日三餐中，我们大约可以从食物中获取1000～1200毫升的水。也就是说，扣除三餐中由食物摄取的1000～1200毫升水分，每天只要再喝1000～1200毫升的水就可以了。

此外，铁路职工还要注意，不要把饮料当水喝。一般说来，适当饮用饮料没有什么危害，但过量饮用，就会摄入较多的糖，增加能量的摄入，引起一些健康问题，如肥胖、糖尿病、骨质疏松、营养不良等。

再者，饮料在喝的时候口感很好，但喝进去之后会产生一个利尿的作用，短期大量喝进去之后，反倒会加重体内缺水的症状，所以喝白水是最好的选择。白开水与人体细胞中水分的化学性质十分接近，有独特的生物活性，具有调节新陈代谢、促进食物消化吸收、提高机体免疫力的生理作用。

 温馨小贴士

水分充足的表现：不会感到口渴；尿液清澈、不发黄；皮肤、眼睑看起来水润、不干燥。缺水的表现：口干舌燥；皮肤干燥，无光泽和弹性；小便减少、发黄，大便秘结；容易疲倦；头晕，心悸；体温偏高。

不要等到口渴了才喝水

喝水在生活中是一件很平常的事情，但很多人不会主动去喝水，往往觉得口渴了才喝。其实，一旦感觉口渴，说明你身体里已经缺水了，因为只有人体内的水分失去平衡、细胞脱水已到一定程度时，中枢神经才会发出补水信号。打一个比方，口渴才喝水，就好像泥土龟裂再灌溉，很不利于身体健康。

因此，铁路职工要养成主动喝水的习惯，不管渴不渴，每日都应保证1200毫升左右的饮水量，可以按照以下时间段来安排每日的饮水。

07:00

经过一夜的睡眠，身体消耗了大量水分，血液浓度增高，早晨起床后喝一杯温开水，可以及时补充身体缺失的水分，降低血液浓度，促进血液循环，有利于肝脏和肾脏的排毒。

08:30

上午8点半左右，繁忙的一天即将开始，会消耗大量水分。面对紧张的学习和工作，心情难免有些烦躁，无法静下心来立即投入，此时不妨喝一杯温开水，能有效缓解紧张情绪。

11:00

经过2个多小时的紧张工作和学习，身体流失了大量水分，有时因为忙碌还会忘记喝水，身体很容易处于脱水状态，此时应该喝一杯温开水。

13:00

距离吃完午饭已经半小时，此时如果喝一杯温开水，可以促进体内食物消化，增强人体体质，而且还有较好的保持身材的效果。

15:00

经过紧张的工作，身体难免有些缺水，此时应该喝一杯温开水，以帮助消除疲劳，振奋精神。

18:30

晚上6点半左右是下班回家的时间，此时应该喝一杯温开水以补充水分，缓解紧张心情和疲劳的身体。

21:00

睡前1～2小时应该喝一杯温开水，因为人在睡眠的时候会通过汗液、尿液等流失大量水分。但必须注意此时补水不宜过多。

 温馨小贴士

中老年人一天中有三杯水尤其重要———早晨起床后空腹喝一杯水，可以降低血液黏稠度，增加循环血容量；睡觉前喝一杯水，有利于预防夜间血液黏稠度增加；在半夜起夜时喝一杯水，可降低心脑血管意外的发生。

为铁路职工定制的健康花草茶

在雾霾天，适时饮水可以促进人体新陈代谢，增强脏腑的排毒功能。其实，除了饮用白开水外，喝些养生花草茶也可以养肺、防霾、排毒，还可以改善心情。因此，专家为铁路职工推荐了以下几款健康花草茶。

肉桂苹果茶

原料：肉桂粉2克，苹果肉30克，苹果汁100毫升

调料：蜂蜜适量

做法：

（1）苹果肉洗净，切成小块备用。

（2）锅中加适量清水，放入苹果汁，大火煮沸，倒入壶中。

（3）加入苹果块、肉桂粉焖泡5分钟，加少许蜂蜜调匀即可。

推荐理由：这款茶有散寒止痛、润肠通便、愉悦心情的作用。雾霾天气里，人常感觉到焦虑、压抑、忧郁，此时来一杯肉桂苹果茶，能起到良好的舒缓心情的作用。

决明苁蓉茶

原料：肉苁蓉10克，决明子10克

调料：蜂蜜适量

做法：

（1）砂锅中加适量清水，放入肉苁蓉、决明子一起煎煮，去渣留汁。

（2）将药汁倒入杯中，放凉至30℃，加蜂蜜调味即可饮用。

推荐理由：此茶有养肝明目、润肠通便、清热排毒的功效，尤其适合视力不好、上火咳嗽的人在雾霾天饮用。

人参红枣茶

原料：人参3克，红枣8粒

调料：无

做法：

（1）人参洗净，斜切成小片。

（2）红枣去核，洗净。

（3）将人参片、红枣放入杯中，用沸水冲泡，加盖焖10～15分钟，代茶饮用，并吃掉人参、红枣。

推荐理由：这是一款滋补佳品，有滋阴、润肺、补血等功效，尤其适合身体虚弱的人饮用。

姜枣茶

原料：生姜200克，大枣200克，甘草30克

调料：冰糖适量

做法：

（1）将所有的材料捣成粗末和匀，用瓶子密封保存。

（2）每天取10到15克，用沸水冲泡；约10分钟即可代茶饮用。

推荐理由：此茶有温中散寒、补益气血的功效，经常饮用能促进消化，增加肠蠕动，排毒养颜。

桂香荷叶茶

原料：荷叶半张，山楂50克，肉桂2克

调料：冰糖适量

做法：

（1）将荷叶剪碎，加适量清水，用小火煮开。

（2）放入山楂，再煮5分钟，最后放入肉桂及冰糖煮3分钟即可饮用。

推荐理由：荷叶可清火、利尿、通便，对减肥最有益；山楂可散瘀化痰，行气活血，能帮助消化系统排毒。此款茶有清热排毒、行气化痰、健脾开胃的功效，适合在雾霾天饮用。

防霾排毒要睡好排毒觉

铁路职工常熬夜该如何应对

我们都知道，睡眠是新陈代谢活动中重要的生理过程，人体的排毒和细胞的更新多数是在睡眠中进行的。医学家通过大量的研究数据证明：长期熬夜的人不仅身体底子差，而且更容易受到雾霾的侵袭。这是因为人体的免疫系统、淋巴排毒系统、肝、胆、肺和肠道等排毒系统在夜间睡眠时间的工作效率达到最高点，工作量达到最大值。如果夜间人体没有进入睡眠状态，那么解毒排毒的工作就会受阻，大量毒素淤积体内，人体的免疫细胞也会随之被吞噬，造成人体免疫力下降。此外，长期熬夜会使人白天更容易感到疲劳和沮丧，严重者还会引起失眠、健忘、易怒、焦虑不安等神经、精神症状。

然而，作为铁路职工，由于工作的需要，很多时候不得不熬夜，尤其是乘务员、安全员，熬夜工作更是家常便饭。那么，不得已熬夜了，铁路职工怎么来科学应对，以减少对身体的伤害呢？

1. 补充维生素A

经常熬夜的人，平时可适当多吃富含维生素A的食物，维生素A可保护视力、缓解眼睛疲劳。富含维生素A的食物有胡萝卜、菠菜、韭菜、南瓜、牛奶、鸡蛋等。

2. 适当补充能量

要熬夜，就必须补充能量。不过，千万不要贪食大鱼大肉、甜食，而应选择吃一些蔬菜、水果及富含蛋白质的食物，花生、核桃、腰果等干果也是不错的选择。

3. 注意补水

熬夜过程中，要注意补充水分，温热的白开水、菊花茶、绿茶等是不错的选择，喝咖啡要注意适度。

4. 适当活动

熬夜中如果感到精神不振，就应该休息调节，可以稍微活动一下，以缓解疲劳。此外，可以经常做做深呼吸。

5. 前后调养

熬夜前要补充营养和能量，但不可进食过饱；要经常运动，以增强体质。熬夜后要注意保证睡眠，适当午睡也很有益；多到户外走走，有助于身心愉悦。

温馨小贴士

长时间贪睡，可能会扰乱人体生物钟的秩序，导致激素出现异常波动，使人白天出现精神不振、昏昏欲睡的情况，而夜晚却异常清醒、辗转难眠。

睡好排毒觉必知小细节

睡眠可以帮助人体提高排毒效率，有助于毒素更好地被排出体外。长期睡眠质量不佳和长期熬夜的人容易使大量毒素积累在身体里，引起器质性病变，严重影响身体健康。为了确保身体排毒工作的顺利进行，建议每个成年人每天应睡足7~9小时。

1. 姿势要正确

睡眠的姿势会影响睡眠质量，那么，我们究竟该选择哪种睡眠姿势呢？研究发现，侧卧的睡眠姿势比较好。侧卧时，身体脊柱略向前弯，肩部向前倾，四肢可以自由弯曲，放在比较舒适的位置，全身肌肉都可得到充分放松，容易消除疲劳。一般来说，向右侧卧的睡眠更为可取，右侧卧时心脏在上，受不到压迫，有利于血液的搏出。

2. 选好枕头和床

枕头宜软硬适中，高度以符合颈椎的生理要求为标准，就常人来说，一侧肩宽在12～15厘米之间，所以枕头高度也应以12～15厘米高度为宜。床的选择，以普通的木板床为佳，只要在上面铺一层薄垫即可。

3. 温度湿度要适宜

室内温度不可过冷或过热，最好保持在15℃～24℃，这样的温度人体感觉稍微凉爽但不至于感到冷，更利于优质睡眠。卧室里的湿度保持在40%～60%为宜。夏季湿度偏高，应使用抽湿机或抽湿空调降低卧室的湿度。冬季湿度偏低，可以使用加湿器增加卧室的湿度。

4. 光线要柔和

卧室的光线应柔和、暗淡，给人舒适、平静的感觉。需要注意的是，光线的颜色最好做到不单一也不五颜六色，淡红、淡黄等暖色系的光线更能提高睡眠质量。

5. 环境要安静

噪声污染是影响睡眠的主要因素，因此卧室要保持安静，声音最好低于30分贝，这种音量相当于有人在耳边说悄悄话。

6. 通风有必要

无论什么季节，卧室都要注意通风换气。室内空气循环率高，人的呼吸质量也会随之升高，有利于优质睡眠。

 温馨小贴士

睡前要稳定情绪，不要过于激动和兴奋，高度用脑的娱乐应有所节制，如下象棋、打扑克之类的娱乐，有时玩1小时或许有益，但时间太久或通宵达旦，就会使人头昏眼花，难以入睡。

铁路职工不可不知的睡眠误区

我们都渴望优质睡眠，可却在睡前做了不少不利于睡眠的事情。以下几个睡眠误区，是铁路职工应该竭力避免的。

误区一：开灯睡觉

人体内会分泌一种褪黑素，它能调节人体激素水平，正是因为有了褪黑素的调节，才能使人体白天、夜晚、四季的生理钟规律，正常运行。褪黑素在夜晚分泌量增加，但晚上如果开灯睡觉，就会导致褪黑素分泌锐减，从而使人体生物钟被打乱，会导致人体免疫力下降。

误区二：蒙头睡觉

千万不要蒙头睡觉，因为蒙头睡觉使氧气吸入减少，二氧化碳在体内蓄积，这样就会产生憋闷、透不过气的感觉，这种异常情况上报给大脑，就引起一些皮层区域的兴奋活动，睡眠中就易做噩梦。经常蒙头睡觉，不仅影响睡眠质量，而且会使身体虚弱、心肺功能降低、头晕头痛。

误区三：面对面睡

两个人面对面地睡觉时，双方长时间吸收的气体大部分是对方呼出来的"废气"。这样由于氧气吸入不足，易使睡眠中枢的兴奋性受到抑制，出现疲劳，因而容易产生睡不深或多梦等现象。同时，因睡眠中枢兴奋性受到抑制而出现的疲劳，其恢复过程比较缓慢，使人醒后仍感到昏沉，萎靡不振。

误区四：睡前进食

睡前进食无疑是给胃部增加工作量。此时，胃部装满食物就会刺激大脑，使大脑产生兴奋感，从而影响入睡。所以，想拥有优质睡眠，8点半以后就应该不再摄入食物。如果因为特殊的原因，无法戒掉宵夜的习惯，那么也应该尽可能将宵夜提前到睡前1~2小时。

误区五：剧烈运动

剧烈运动会使人心跳加速，使大脑产生兴奋感，让人更加难以入睡。所以，正确的睡前运动应该是选择有助于放松神经的慢运动，如瑜伽、散步等。

 温馨小贴士

刺激性的饮料不仅会增加夜间肾脏的负担，还会使大脑保持高度的兴奋感，从而影响睡眠的质量。因此，在睡前不宜饮用大量的水，也要尽量避免饮用浓茶、可乐、咖啡、酒等具有刺激性的饮料。

6种有益睡眠的好食物

有调查显示，有超过20%的成年人每天睡眠时间不足7小时，熬夜、晚睡成了生活习惯，这其中有部分人深受失眠症的困扰，一些人不得不靠药物入睡。其实，大可不必将入睡的希望寄托于药物，不妨试试以下食物，或许有意想不到的效果。

1. 牛奶

牛奶中富含20多种氨基酸，其中的色氨酸能发挥镇静和助眠的功效。睡前饮用一杯温牛奶，可以起到镇定安神和助眠的效果。

2. 蜂蜜

蜂蜜是一种营养丰富的天然滋养品，含有与人体血清浓度相近的多种维生素及钙、铁、铜、镁等矿物质。疲劳时饮用一杯蜂蜜水可以迅速补充体力，消除疲劳。睡前饮用一杯淡蜂蜜水，能缓解紧张的神经，促进睡眠。

3. 香蕉

很多人都不知道，香蕉果皮内含有的成分有催眠的作用。香蕉除了能平稳血清素和褪黑素外，还富含让肌肉松弛效果的镁元素。因此，时常吃点香蕉，不仅能通便、使人快乐，还有不错的安眠作用。

4. 小米

小米富含B族维生素，维生素B_1、维生素B_{12}的含量尤为丰富，具有安神助眠的作用。用小米熬粥，是小米最健康的吃法，有"代参汤"的美称。

5. 燕麦片

燕麦片富含促进睡眠的物质，能诱使产生褪黑素，一小碗加入少许糖的燕麦粥就能起到促进睡眠的效果。

6. 全麦面包

全麦面包中含有丰富的B族维生素和碳水化合物，睡前2小时吃点全麦面包可以起到助眠效果。

安眠食谱推荐

牛奶蜂蜜饮

原料：牛奶250毫升

调料：蜂蜜30毫升

做法：

（1）牛奶倒入杯中，隔水加热至30℃。

（2）放入蜂蜜，搅拌均匀即可饮用。

推荐理由：牛奶和蜂蜜都是安眠的好食物。这款饮品不仅有良好的防治失眠的效果，而且对更年期综合征、出虚汗有辅助治疗功效。

香蕉牛奶汁

原料：香蕉1根，牛奶200毫升，红樱桃1个

调料：蜂蜜少许

做法：

（1）香蕉去皮，切成小块；红樱桃放入清水中浸泡10分钟，洗净。

（2）将2/3香蕉块与牛奶一起放入榨汁机中，搅打10分钟，榨成鲜奶汁。

（3）将榨好的鲜奶汁用过滤网过滤、去渣，加入适量蜂蜜，搅拌均匀，放入剩下的1/3香蕉块，点缀上红樱桃即可。

推荐理由：这款香蕉牛奶汁美味可口，可润肠、排毒、通便、安眠。

安眠牛奶粥

原料：大米50克，牛奶2杯

调料：无

做法：

（1）将大米淘洗干净，用清水浸泡30分钟。

（2）锅中加适量清水，放入大米煮粥。

（3）粥熟后，倒入牛奶，再次煮沸即可。

推荐理由：此粥有很好的安眠作用，失眠的人在睡前喝一碗牛奶粥，可以产生适度的疲倦感，帮助睡眠。

小米南瓜粥

原料：小米150克，南瓜200克

调料：无

做法：

（1）小米洗净，用清水浸泡30分钟。

（2）南瓜去皮、去瓤，洗净，切成小块。

（3）锅中加适量清水，放入南瓜、小米及泡米的水，一起熬煮成粥即可。

推荐理由：小米是安眠的好选择。小米和南瓜搭配煮粥，不仅能安神助眠，还有健脾、养胃、清肠的功效。

按时排便有益肠道排毒

强忍便意危害大

身体新陈代谢会产生很多垃圾，其中的绝大部分都是以大便的形式排出体外。尤其是在雾霾天，身体更容易堆积废物，如果大便不及时排出，积存在体内，毒素被人体吸收，就会影响健康。因此，及时排便对我们身体健康很重要。

1. 引发便秘

专家表示，人的粪便存储在直肠内，当肠内压力超过45～55毫米汞柱时，直肠就会产生神经反射而发出排便信号，这时应该及时排便。如果强忍便意，时间久了会使大肠放弃发出排便信号，再加上大便水分被吸收后干燥变硬，容易导致便秘。

2. 损害肠道健康

粪便是既不能消化吸收，又不利于机体健康的排泄物，如果留在体内，一则会被吸干水分，引起大便干燥；再则粪便经细菌的分解、合成各种毒素，有害物质长时间滞留在肠道里，会直接损害肠道健康，甚至有可能导致结肠癌的发生。

3. 诱发痔疮

粪便在肠道里长时间滞留就会压迫肠道的静脉，使肛门直肠周围的静脉血液循环发生障碍，从而诱发痔疮。

4. 产生皮肤问题

强忍便意会使粪便堆积在肠道，不断产生各种毒素，造成肠内环境恶化、内分泌失调、新陈代谢紊乱等，从而产生痤疮、色斑、面色晦暗等皮肤问题。

温馨小贴士

无论多忙，有了便意就要立即排便，千万不要忍。不管出于什么样的理由，健康永远是我们首要考虑的因素。

养成每天定时排便的好习惯

定时排便有助于避免有便意时不能排便的尴尬，也能养成条件性反射的排便效果，远离便秘。对此，健康专家建议，要养成每天定时排便的好习惯，时间可以是自己方便的任意时间段。

作为铁路职工，你也许觉得自己工作忙，需要到处奔波，想定时却定不了，其实只要你掌握定时排便的方法，就很容易养成习惯。

1. 定时蹲一蹲

你只需要长期坚持每天清晨蹲一蹲，依靠自己的意念努力排便即可。这个过程一般控制在5~10分钟。假以时日，你每天定时蹲便就会变成一种条件反射，会给你的肠道带来暗示。这时，排便就变成一种良好的习惯了。

2. 集中精力

蹲便时一定要集中精力，切勿蹲着看报纸，玩手机，这样不仅会影响排便，时间长了还容易引发痔疮。而集中精力排便会让你一心想到排便，大脑也会发出排便的指令，更有利于定时排便。

3. 早期一杯水

早晨起床后，饮用一杯水，可以迅速为身体补充夜晚人体排毒时消耗的水分，加快新陈代谢，刺激肠胃蠕动，加速排便。因此，铁路职工早起不妨喝一杯10℃~45℃温开水，或者淡盐水、蜂蜜水，这都有助于定时排便。

4. 按时吃早餐

吃早餐可以刺激肠胃蠕动，排便就是通过大肠蠕动才排出来的，所以按时吃早餐可以帮助定时排便。

5. 不穿紧身衣

紧身衣、塑身衣和束腹带会抑制肠道，调节排便活动的副交感神经，使大肠内消化液分泌减少。当大肠内的消化液减少时，粪便就会变得又干又硬，而肠道少了这些"润滑剂"，推动粪便至肛门的能力也会随之降低，因此容易形成便秘。

6. 按摩小腹

早上起床的时候顺时针按摩一下小腹，可以帮助排便。按摩的方法是：先将两手掌心摩擦至热，然后两手叠放在右腹部下方，按顺时针方向围绕腹部旋转，共按摩30圈。这个方向正好与粪便在大肠中的运行方向一致，有助于排便。

 温馨小贴士

辛辣食物不仅会使人便秘上火，还易使人患上其他疾病，情绪变得不稳定。因此，要使排毒更加顺畅，心情更加愉悦，最好跟辛辣食品说拜拜。

远离便秘，试试这些方法

便秘是指排便次数减少，每2～3天或更长时间一次，无规律性，粪质干硬，常伴有排便困难感。如果只是排便间隔时间延长，排便比较顺利，那就不属于便秘。若除了有大便间隔时间长外，还伴有大便干燥或排便困难，或排便有不尽感、下坠感，那就是便秘了。

铁路职工若遭遇了便秘的困扰，该怎么办呢？试试这些方法吧。

1. 增加膳食纤维的摄入

膳食纤维有很强的吸水作用，能吸收大肠内的废弃物、水分和致癌物质等，像海绵一样膨胀，并促进肠壁的有效蠕动，使肠内物质迅速通过肠道排出体外，起到了润肠通便的作用。

2. 多喝酸奶

酸奶中含有大量的乳酸菌，能够促进大肠内有益乳酸杆菌的增殖，同时乳酸菌还有提高免疫力和杀菌的作用，使大肠杆菌难以繁殖，从而改善和维护良好的肠道环境，预防和改善便秘。所以，便秘的铁路职工不妨每天喝上一杯酸奶。

3. 热水排便法

便秘的人可以坐在盛有70℃左右热水的便盆上。在热气的刺激下，肠胃的蠕动增强，可以使粪便软化而排出。

4. 适当运动

适度进行运动，尤其是针对腹部的运动，有助于促进腹部经脉的畅通，刺激肠道的蠕动，起到帮助排便的效果。比如经常按摩腹部，可以促进排便。

温馨小贴士

提肛运动主要锻炼提肛肌，坚持锻炼能增强排便力。具体做法是：收缩骨盆肌肉，如同小便时突然憋住的动作，收缩肛门和小腹，坚持10秒，然后慢慢放松10秒，再继续收缩肌肉，反复进行数次。

为铁路员工推荐的通便食物

除了以上提到的对付便秘的方法外，经常吃一些有利于润肠排毒的食物也可以预防便秘，加速体内毒素的排出。在这里，营养专家为铁路职工推荐了以下几种有助于通便的食物。

1. 红薯

红薯中含有十分丰富的膳食纤维，经常食用可促进胃肠蠕动，帮助人体及时排出毒素和垃圾，能有效预防便秘和痔疮。此外，红薯中含有丰富的矿物质和维生素，经常食用可提高人体免疫力，有防癌抗癌的作用。

2. 糙米

糙米富含B族维生素，这类水溶性维生素可以促进消化液分泌及肠道蠕动，经常食用可有效防治便秘。糙米中还含有丰富的膳食纤维，有促进肠道有益菌繁殖、加速肠道蠕动、软化粪便的功效。

3. 蜂蜜

蜂蜜自古就是润肠通便的优质食材，早晚饮用蜂蜜可以有效防

治便秘及痔疮。此外，蜂蜜对人体有良好的滋补作用，能够缓解压力、提高机体免疫力。

4. 香蕉

香蕉中含有丰富的果胶，经常食用可起到润肠通便的作用。香蕉中还含有丰富的B族维生素，经常食用可以促进消化液的分泌，帮助促进胃肠蠕动，有助于防治便秘。

5. 白萝卜

白萝卜素有"小人参"的美称，所含的膳食纤维可促进胃肠蠕动，有益于体内废物的排出，所含的果胶能够与体内有害物质结合，促进毒素排出体外。

通便食谱推荐

红薯粥

原料：红薯150克，粳米100克

调料：无

做法：

（1）将粳米洗净，用清水浸泡30分钟。

（2）红薯去皮、洗净，切成小块备用。

（3）锅中加适量清水，倒入泡好的粳米、泡米的水及红薯块，大火煮沸后改小火熬煮成粥即可。

推荐理由：这是一款普通的粥，但功效却一点儿也不普通，有养胃、化食、去积、清热、通便的作用。

豆香糙米粥

原料：糙米100克，红豆、黄豆各50克

调料：无

做法：

（1）将糙米、红豆、黄豆分别洗净，放入清水中浸泡6小时，捞出沥水。

（2）锅中加适量清水，倒入红豆，熬煮至烂，捞出沥水。

（3）将糙米和黄豆倒入榨汁机中，搅打均匀，然后倒入锅中，加适量清水煮沸，再倒入煮好的红豆，再次煮沸即可。

推荐理由：糙米有独特的分解放射性物质的功效，可以有效防止人体吸收有害物质；所含的大量膳食纤维能促进肠道有益菌繁殖，加速肠道蠕动，帮助人体快速排出体内毒素和废物。

白萝卜油菜汁

原料：油菜100克，白萝卜200克

调料：蜂蜜15毫升

做法：

（1）油菜洗净，去根，切成段。

（2）白萝卜洗净，切成块。

（3）将白萝卜块与油菜段一同放入榨汁机中，搅拌成汁。

（4）把白萝卜油菜汁倒入杯中，加入蜂蜜，调匀即可。

推荐理由：这款蔬菜汁不仅有清热解毒、生津润燥的功效，还能润肺、消食、除痰、利大小便，尤其适合面色萎黄、大便数日不解者饮用。

酸奶香蕉饮

原料： 香蕉2根

调料： 酸奶适量

做法：

（1）香蕉剥去外皮，切成小块。

（2）将切好的香蕉块放入榨汁机中，加适量温水，搅打10分钟，榨成鲜汁。

（3）将榨好的鲜果汁用过滤网过滤、去渣，加入酸奶调味，盛入杯中即可饮用。

推荐理由： 香蕉和酸奶都是清肠、通便的好食材，两者搭配不仅酸甜可口，且具有良好的防治便秘的作用。

防霾排毒必须戒烟限酒

免疫力的强弱，决定了面对各种病毒细菌时的战斗力。有的人感冒一天就会自愈，而有的人一个多星期都好不了。如今雾霾天经常出现，谁的免疫力强，谁的防霾能力就强，就会少受雾霾的毒害。除了前文提到的饮食、运动、睡眠等外，铁路职工最好戒烟限酒，以提升身体免疫力，起到防霾排毒的作用。

科学饮酒

我们都知道，适量饮酒有助身体健康，雾霾天也不例外。科学饮酒，可以增强肺活量，并对肺功能的健康大有益处。元代李鹏飞在养生著作《三元延寿参赞书》中说："书云大雾不宜远行，宜少酒以御雾瘴。"虽然雾霾与雾瘴并非完全相同，但是科学饮酒可以强身健体是不容置疑的。那么，如何才能做到科学饮酒呢?

1. 把握饮酒的量

肝脏每天能代谢的酒精约为每千克体重1克。专家提醒，要想饮酒不危害健康，一个健康的成年人每天摄入酒精量应控制在45克以内，即60°白酒不超过50克、啤酒不超过1千克。

2. 把握饮酒时间

研究发现，一天中下午两点左右饮酒最安全。因为下午两点左右，胃中分解酒精的脱氢酶浓度相对较高，饮用等量的酒，下午较上午更不易吸收，从而使血液中酒精的浓度相对要低，对肝脏、胃脏、大脑等器官的损伤也就相对较小。

3. 饮酒需慢饮

肝脏分解酒精的能力约是每小时分解10毫升。所以，饮酒时一定要尽量放慢速度，不能喝得过快过猛。

4. 选择最佳佐菜

饮酒时选择理想的佐菜，既可饱口福，又可减少酒精对人体的危害。比较而言，饮酒时的最佳佐菜是富含高蛋白和维生素的食物，如新鲜蔬菜、鱼、瘦肉、豆类、蛋类等。

5. 不要空腹饮酒

喝酒前要吃些东西，尤其是汤或水果，可以在人体的消化系统或血液中形成一种"保护"，当酒精进入人体后，汤或水果的营养成分能起到分解酒精的作用，减轻酒精对肝脏及身体的危害。

戒烟有方

吸烟不仅会提升室内PM2.5，增加患癌的风险，还会损害血管壁内皮细胞，使血管收缩，管腔变窄，血流速度减慢。长期吸烟会导致支气管黏膜的纤毛受损、变短，影响纤毛的清除功能，细菌、病毒容易乘虚而入。吸烟还会刺激胃黏膜分泌胃酸和胃蛋白酶，易导致胃出血、糜烂、溃疡。

总之，吸烟有百害而无一利，所以戒烟才是好选择。但戒烟不是一件容易的事，除了要下定决心外，关键在于行动起来，掌握一些戒烟的小妙招。

1. 坚定信念

从这一刻起，先坚定你戒烟的信念。要知道，无论烟龄多长，当你现在停止吸烟时，几乎所有与吸烟有关的健康危险都会减低。

2. 扔掉用具

将香烟、打火机、烟灰缸等全部扔掉，以免对你产生刺激。

3. 转移注意

尤其是戒烟初期，做一些能带来乐趣的活动，以便转移注意力，如慢跑、游泳、踢球等都是不错的选择。

4. 零食戒烟

许多吸烟的人反映习惯抽烟是因为嘴巴里没有东西闲不下去，所以建议在口袋备点零食，特别想吸烟时吃点零食以缓解。

5. 寻找戒烟伙伴

自己戒烟就像一个战士在战斗，很容易打退堂鼓，如果找个同伴和你一起戒烟，彼此相互鼓励、相互监督、相互理解，则更容易戒掉烟瘾。

6. 远离吸烟人群

在戒烟期间，应避免参加朋友间的聚会，以免看见别人抽烟激起烟瘾。另外，平时也应远离吸烟的人群，如中午吃饭时避免和吸烟的朋友在一起。当亲友或同事邀请你吸烟时，一定要拒绝。

7.不喝含有咖啡因的饮料

人们对香烟有一定的依赖性，而咖啡、可乐、红牛等含咖啡因的饮料则会激起人们吸烟的欲望，所以戒烟期间应尽量少喝或不喝含有咖啡因的饮料。

 温馨小贴士

有些人戒烟后，因难以忍受烟瘾而复吸，殊不知这样对身体的危害更大。因为复吸者比其他吸烟者的烟瘾更大，其吸入香烟的数量要比戒烟前更多，并且每口吸烟的程度更深。因此，吸烟者一旦决定戒烟，就要坚决抵制香烟的诱惑，克制烟瘾，彻底戒烟，以免复吸。

按摩小穴位，防霾排毒大效果

我们的身体上有很多穴位对于防霾排毒很有帮助，只要捏捏按按这些穴位，就能够调理脏腑，疏通气血，提升免疫力，帮助排毒。

1.合谷穴

位置：位于手背上，第1、2掌骨间，当第2掌骨桡侧的中点处。

按摩方法：用拇指和食指捏住这个部位，用力按压数次。

功效：清泄肺气，排出毒素。

合谷穴

迎香穴

2. 迎香穴

位置：位于鼻翼外缘中点旁，当鼻唇沟中。

按摩方法：用拇指外侧沿鼻梁、鼻翼两侧上下按摩60次左右，然后按摩鼻翼两侧的迎香穴20次，每天早晚各做1~2次。

功效：通利鼻窍，保护肺部。

3. 肺俞穴

位置：位于背后第三胸椎棘突下，左右旁开二指宽处。

按摩方法：全身放松，吸气于胸中，然后两手握成空心拳，轻叩背部肺俞穴数十下，然后由下至上轻拍背部，持续约5分钟。

功效：养肺补肺，益气排毒。

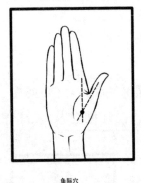

肺俞穴

4. 鱼际穴

位置：拇指本节（第1掌指关节）后凹陷处，约当第1掌骨中点桡侧，赤白肉际处。

按摩方法：另一只手的大拇指弯曲，以指甲尖垂直轻轻掐按，每次左右手各掐揉1~3分钟。

功效：强肺利咽，促进排毒。

鱼际穴

5. 太冲穴

位置：位于足背侧，在第一跖骨间隙后方的凹陷处。

按摩方法：用大拇指点按太冲穴，沿着逆时针方向轻轻按揉3分钟左右，稍稍用力，以感

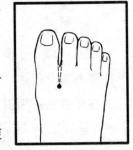

太冲穴

觉压痛为宜。

功效：疏肝理气，排毒清火。

6. 三阴交穴

位置：位于小腿内侧，在内踝尖直上4横指，胫骨后缘处。

按摩方法：用拇指顺时针方向按揉三阴交穴2分钟，然后逆时针方向按揉2分钟。

功效：增强肝脏排毒能力，促进食物消化、废物排泄。

三阴交

7. 命门穴

位置：位于腰部，在第2腰椎棘突下缘的凹陷中。

按摩方法：取坐位或立位，右手握拳顺时针按揉2分钟，然后逆时针方向按揉2分钟。

功效：增强肾功能，促进排毒。

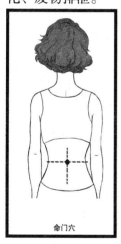

命门穴

8. 肾俞穴

位置：位于腰部，在第2腰椎下旁开2横指宽处，左右各一穴。

按摩方法：取坐位或立位，双手中指按于两侧肾俞穴，用力按揉30~50次。

功效：增强肾功能，排出毒素。

肾俞穴

温馨小贴士

　　将两手食指放在精明穴下，沿鼻根、鼻梁、鼻翼及鼻下孔旁由上至下搓擦，反复进行100次，能有效地改善鼻黏膜的血液循环，增强鼻子对外界环境变化的适应能力，可预防感冒和呼吸系统疾病。

[雾霾天，常见病的预防及护理]

　　雾霾天对人体健康危害很大，不仅容易引起咳嗽、哮喘、鼻炎、咽炎等呼吸系统疾病，还会引发结膜炎，诱发心脑血管疾病。因此，铁路职工在雾霾天要做好常见病的预防和护理。

上呼吸道感染

上呼吸道感染，是日常生活中最常见的呼吸系统疾病。而雾霾天里，空气中含有大量的污染物和致病微生物，会对呼吸系统造成强烈的刺激，容易引发上呼吸道感染。上呼吸道包括鼻腔、咽、喉、气管，这些部位的病毒性或细菌性感染，即称为上呼吸道感染。其主要表现为：先是出现喉咙干燥、喉咙发痒、打喷嚏、流鼻涕、鼻塞等症状，进而出现全身酸痛、畏寒、发热（部分患者无发热）、头痛、咳嗽等症状。

其实，广义的上呼吸道感染不是一个疾病诊断，而是一组疾病，包括普通感冒、病毒性咽炎、喉炎、疱疹性咽峡炎、咽结膜热、扁桃体炎等。

上呼吸道感染的预防

1.增强抵抗力

增强机体自身抗病能力是预防上呼吸道感染最好的办法。比如平时有规律的身体锻炼、起床后用冷水洗脸并按摩几分钟、进行冷水浴等，长久坚持下去，可提高机体对寒冷的适应能力，增强身体抵抗力。

2.加强饮食营养

饮食营养的补充也是增强人体抵抗能力的一种有效措施。日常膳食中应适量增加蛋白质、维生素、膳食纤维等营养素的摄取，同时更要保证饮食营养的充足和均衡。另外，多饮水对于上呼吸道感染亦有一定帮助。

3.避免发病诱因

生活有规律，按时休息，特别是避免晚上过度熬夜；在气候变化时注意增减衣服；家中有上感者尽可能避免与其接触，必须接触时要戴口罩，防止交叉感染等。

4. 注意消毒灭菌

经常用食醋在室内熏蒸15～20分钟，杀灭居室病菌，确保人体健康。此外，每日早晚和三餐后用淡盐水漱口，可以起到杀灭口腔病菌的作用。

5. 避免压力过大

长期承受工作压力的人，患上呼吸道感染的概率要比生活在平静氛围中的人大。原因是压力会扰乱身体的免疫系统。

6. 避免劳累

避免劳累，保证充足的睡眠。劳累时免疫系统功能较弱，病毒容易侵入。所以一定要保持良好的睡眠习惯，尤其是在病毒传播较广泛的春季。

上呼吸道感染的护理

1. 充分休息

患上呼吸道感染时，患者身体比较虚弱，一定要充分休息，减少活动，这有利于身体的恢复。发热时应卧床休息，直到症状完全消失后才可恢复正常活动，以免因疲劳而复发。

2. 多饮水

患病期间要多饮水，水不仅可以缓解咽部干涩、喉咙发痒等症状，且能将病毒稀释，并通过尿液和汗液排出体内，有利于身体的恢复。

3. 保持空气流通

室内环境应安静、整洁、通风，但要避免对流风和直接吹风。

适宜的温湿度（温度18℃~20℃，湿度60%~65%），有利于患者呼吸道炎症的好转。

4.注意饮食调理

患病期间应吃清淡而容易消化的食物，如稀粥、蛋汤、豆浆、瘦肉汤、面汤等，不要吃油腻、辛辣刺激的食物。

5.发热的处理

如果患者出现发热症状，不严重时可进行物理降温，比如冷敷、洗热水澡等，发生高热时在降温的同时，可按医嘱服用退烧药。

6.加强保护措施

患者应采取一定的隔离措施（如戴口罩），且暂时不宜参加任何集体活动。同时，家庭、工作场所都应注意开窗通风，加强消毒。

 温馨小贴士

除了雾霾天，上呼吸道感染多在气温骤降、受寒、淋雨或身体疲劳、大病后体质虚弱时发生。所以遇到这种情况时，要注意预防。

慢性支气管炎

"慢性支气管炎"简称慢支，是指气管、支气管黏膜及其周围组织的慢性、非特异性炎症。中医称"咳嗽""痰饮"。慢性支气管炎的症状为长期反复咳嗽、咳痰、气喘，常在寒冷季节及气候剧变时反复发作。

长期工作于人多繁杂环境之中的铁路工作者是这一疾病的多发人群。因此，在雾霾天里，铁路职工更要积极采取措施，预防慢性支气管炎的发生和发展。

慢性支气管炎的预防

1. 避免感冒

某些病毒、细菌和支原体感染引起感冒、上呼吸道感染，是慢性支气管炎发生或复发的重要诱因。因此避免感冒能有效地预防慢性支气管炎的发生或急性发作。在感冒流行期间应减少外出、出门戴口罩、房间用醋熏蒸、平时多食大蒜或口服板蓝根冲剂等中成药。

2. 预防上呼吸道感染

预防上呼吸道感染，做好保护，防止有害气体、酸雾和粉尘的吸入，是预防气管炎、支气管炎的有效措施。

3. 加强体育锻炼

坚持体育锻炼能够增强身体素质、改善肺部功能、增强机体耐受力和抗病能力。可进行游泳、慢跑、呼吸体操等有氧运动。

4. 注意防寒保暖

随着气温的变化，应注意及时增减衣物，避免遭受寒凉病邪的侵袭，从而可有效预防支气管炎的发生。

5. 消除致病因素

生活中应通过戒烟、避免接触刺激性有害气体等方式，来消除支气管炎的致病因素。

慢性支气管炎的护理

1. 注意饮食

慢性支气管炎患者饮食宜清淡，不要吃辛辣刺激的食物，否则会加重病情，不妨多吃点新鲜蔬菜、水果，尤其是菇类的食物，补充点维生素和胡萝卜素。

2. 戒烟多茶

吸烟会引起呼吸道分泌物增加，反射性支气管痉挛，排痰困难，有利于病毒、细菌的生长繁殖。茶叶中含有茶碱，能兴奋交感神经，使支气管扩张而减轻咳喘症状。

3. 腹式呼吸

腹式呼吸能保持呼吸道通畅，增加肺活量，减少慢性支气管炎的发作。具体方法：吸气时尽量使腹部隆起，呼气时尽力呼出使腹部凹下。每天锻炼2～3次，每次10～20分钟。

4. 避免支气管刺激

慢性支气管炎患者呼吸道反应性增高，对外界各种刺激（如冷空气、烟尘及有害气体）特别敏感。对正常人不起作用的微弱刺激，常可引起慢性支气管炎患者剧烈咳嗽、喘息以及呼吸困难。因此，患者应该避免煤气、冷空气、烟气的刺激。

5. 注意通风换气

居室里通气要良好，经常开窗换气；厨房应注意通风或装置油烟机，以保持室内空气新鲜。

6. 做好清洁

寄生虫、花粉、真菌等能引起支气管的特异性过敏反应，应保持室内外环境的清洁卫生，及时清除污物，消灭过敏源。

7. 减轻呼吸道阻塞

慢性支气管炎患者出现痰液分泌增多时，易引起呼吸道阻塞，应咳出痰液。如患者痰液较黏稠而难以咳出，则可大量饮水，使痰液变稀而易于咳出。但饮水最好在上午，下午少饮些，晚上不饮，以免夜尿过多。

慢性咽炎

慢性咽炎是咽黏膜、黏膜下组织及淋巴组织的弥漫性炎症。慢性咽炎多为急性咽炎未得到及时治疗或反复发作的结果；其次慢性鼻炎、鼻窦炎等经常性鼻塞造成张口呼吸或分泌物长期刺激也可引起慢性咽炎。此外，慢性咽炎也与有害粉尘、化学气体或烟酒过度刺激等有关。

慢性咽炎有咽部不适，可表现为异物感、痒、灼热感、干燥及疼痛，晨起易咳嗽，恶心作呕，可咳出颗粒状似藕粉样分泌物，说话时间过长即感到吃力。慢性咽炎在铁路工作者中非常多见，具有病程长、症状顽固、治疗困难等特点。

在雾霾天气里,PM2.5等有害颗粒物很容易引发和加重慢性咽炎，因此铁路职工要注意慢性咽炎的预防和护理。

慢性咽炎的预防

1.保持强健的体魄

咽部疾病与全身健康状况密切相关，因此，保持强健的体魄是预防咽炎最基本条件之一。平时生活要有规律，劳逸结合，多进行室外活动，呼吸新鲜空气，接受阳光浴。常用冷水洗澡、擦身，能使人精力充沛，增强对冷热的适应能力、提高抵抗力。

2.预防上呼吸道感染

应注意天气的冷暖变化，随时增减衣服，活动出汗后不要马上到阴冷地方、吹风、冲冷水澡等。睡觉时应关上电扇，避开风口处。

在流感易发季节，尽量少去公共场所，以免交叉传染。

3. 注意口腔和鼻腔卫生

咽位于口、鼻后下方，与口、鼻直接相连，口腔、鼻腔、鼻窦的慢性感染常因病毒、细菌、脓液等波及咽部黏膜而导致咽炎。因此，平时要注意保持口腔清洁，及时治疗牙周疾病。

4. 戒烟酒，慎饮食

平时多吃些清淡易消化的食物，再辅助摄入一些清爽去火、柔嫩多汁的食品。如橘子、菠萝、甘蔗、梨、苹果等，或多喝水及清凉饮料。忌食烟、酒、姜、椒、芥、蒜及一切辛辣之物。

5. 有效治疗急性咽炎

急性咽炎若治疗不彻底或延误治疗，极易转化为慢性咽炎，治疗起来难度更大。因此，积极、彻底、有效地治疗急性咽炎对慢性咽炎的预防极有帮助。

慢性咽炎的护理

1. 补充维生素

慢性咽炎患者要多吃富含维生素A、维生素C和维生素E的食物，以促进黏膜上皮生长。

2. 多饮水

适当多饮水，应以白开水为主，少饮含糖高的糖水、饮料。

3. 加强营养

多吃高蛋白、高维生素、易消化的饮食，如牛奶、鸡蛋、瘦肉、鱼、新鲜蔬菜、水果等，以改善营养状况，提高机体抵抗力。

4. 坚持刷牙

饭后及睡前要坚持漱口刷牙，保持口腔清洁。所用牙刷应每月更换1次。

5. 盐水漱口

慢性单纯性咽炎可用复方硼砂液、淡盐水等经常含漱或用碘含片、薄荷喉片等含化。亦可用两杯1％食盐水或3％苏打水漱口，其中一杯是凉的，一杯是热的，交替含漱，含漱时头后仰，使溶液在咽部"咕噜、咕噜"地滚动。这种方法可清洁咽部，抑制细菌繁殖。

6. 少说话

患病时期，患者要尽量做到少发音、少用嗓、少吃辛辣刺激性食物。

7. 空气流通

注意室内的空气流通，冷暖适中，患者应注意不要直接吹风，积极锻炼身体，增强体质，提高机体抵抗力。

8. 改变不良习惯

改变对咽喉有刺激作用的不良清嗓、咳嗽、咯痰等习惯，建议患者稍稍屏气，然后轻轻咳痰、咳嗽，逐步做到有效清嗓，保护咽喉。

9. 避免感冒

感冒流行季节，慢性咽炎患者应少去或不去公共场所，以免交叉感染。

 温馨小贴士

多跑步、打球做锻炼，不但能增强体质，还会增大肺活量，为吸气、呼气和发音奠定良好的基础。平时要注意天气变化、保持口腔清洁，戒烟限酒，少吃过热、过凉和辛辣的食物，不妨多喝一些胖大海泡的茶，感觉咽喉不舒服尽量少说话。

哮喘

哮喘是一种常见病、多发病，是影响人们身心健康的重要疾病。其发病原因多是在遗传的基础上受到过敏、感染、过度劳累等因素而激发起来的，如寒冷季节受凉或天气突然变化、气压降低等都可引发支气管哮喘发作。

哮喘患者的常见症状是发作性的喘息、气急、胸闷或咳嗽等症状，少数患者还可能以胸痛为主要表现，这些症状经常在患者接触烟雾、香水、油漆、灰尘、宠物、花粉等刺激性气体或变应原之后发作。因此，在雾霾天，铁路职工要注意哮喘病的预防和护理。

哮喘的预防

1. 避免诱发因素

诱发哮喘反复发作的因素很多，避免这些因素对预防哮喘的发作有重要意义。因此在发现某种过敏原后，尽量避免接触、吸入及食入，尽量减少诱发哮喘发作的机会。

2. 生活规律

生活规律无论对健康人及患者都很重要，定时作息，劳逸结合，保持心情愉快，保持饮食既清淡又有营养，对预防哮喘的发作具有重要意义。

3. 饮食

在饮食方面，减少食用鱼、虾、蟹等海腥肥腻和容易产气的韭菜、地瓜等食物和辛辣食品。多补充富含蛋白质和微量元素铁的食品，多吃瘦肉、动物肝脏、豆腐、豆浆。

4. 加强体育锻炼

加强体育锻炼，可以通过提高自身的免疫能力来抵抗哮喘的发作。可以通过诸如练气功、做呼吸操、打太极拳等改善呼吸系统功能的练习，来避免和延缓病情的发作。

5. 保持乐观心态

保持乐观的心情，不要过度兴奋、沮丧、紧张等，保持一颗平常心。

哮喘的护理

1. 环境干净卫生

室内环境要干净卫生，保持通风，保持一定的湿度和温度。同时避免烟气、油味、杂物对患者视觉及嗅觉上的不良刺激。

2. 避免劳累

哮喘患者平时应注意锻炼身体，增强体质，避免过度劳累或情绪激动等诱发因素。

3. 防寒保暖

注意保暖，不能受风寒、冒雨雪。在冬季随着气温变化，随时增减衣服，外出戴口罩和围巾，睡觉时衣被要轻松，不宜太重太热。

4. 远离过敏源

由过敏引起的发病者，应避免接触可能致敏的物质和主要诱因，查明和脱离过敏原。

5. 不要做剧烈运动

运动过度所导致的过度换气，使呼吸道热损失过多，呼吸道内环境变冷，从而导致剧烈咳嗽。所以，哮喘患者运动要适度，以免加重病情。

6. 适当休息

发热、咳喘时必须卧床休息，否则会加重心脏负担，使病情加重；发热渐退、咳喘减轻时可下床轻微活动。

7. 保持情绪平稳

哮喘患者情绪激动、紧张不安、怨怒等过激的情绪，会导致患者呼吸加快，换气过度，促使哮喘发作。

8. 谨慎用药

一些感冒药和治疗心脏病的药容易引发哮喘，如阿斯匹林、心得安等。哮喘患者用药前要咨询医生，不要自己随便服用。

 温馨小贴士

哮喘患者不要蒸桑拿，温暖潮湿的环境容易滋生真菌和过敏源，哮喘患者洗桑拿的时间过长，接触大量过敏源，支气管容易出现爆发性痉挛从而危及生命。

肺炎

肺炎是指肺实质的急性炎症，由于肺脏直接与外界相通且为血液循环所必经的重要器官，因而最易受各种致病因素的侵袭而发病。以发热、寒战、咳嗽、咳痰为主要症状，也可出现头痛、恶心、呕吐、腹痛、腹泻等症状。细菌性肺炎一般全身中毒症状突出，且有感染史。病毒性肺炎一般伴上呼吸道感染。

　　肺炎可由病原微生物、理化因素、免疫损伤、过敏及药物所致。细菌性肺炎是最常见的肺炎，也是最常见的感染性疾病之一。本病起病急骤，常有淋雨、受凉、劳累等诱因，约1/3患者有上呼吸道感染史。而在雾霾天，呼吸道更容易受到感染，因此铁路职工要特别注意对肺炎的预防和护理。

肺炎的预防

　　1. 预防感冒

　　注意气温变化，及时添加衣物，预防感冒和上呼吸道感染。在流感流行季节不去公共场所，以免感染。一旦被感染，应尽早治疗。

　　2. 戒烟防尘

　　戒烟，避免吸入粉尘和一切有毒或刺激性气体。

　　3. 防寒保暖

　　平时注意防寒保暖，遇有气温变化，随时更换衣物。体虚易感者，可常服玉屏风散之类药物，预防发生外感疾病。这是肺炎比较常见的预防方法。

　　4. 佩戴口罩

　　在雾霾或扬沙天气须外出的铁路职工可以戴上防尘口罩，以保护呼吸道；另外，已经患有流感、上呼吸道感染、肺炎的人在人群密集的场所，为了避免将细菌、病毒传染给他人，也要戴上医用口罩。

　　5. 加强营养

　　加强营养，进食高蛋白、高热量、高维生素、易消化的食物，补充机体能量，防止继发感染。

　　6. 加强锻炼

　　加强身体锻炼，适当参加室外活动，如散步、做呼吸操（腹式呼吸和缩唇呼吸锻炼）等。

肺炎的护理

1. 清淡饮食

每天的食物要以容易消化、清淡的为主，少量多餐，多吃些新鲜的水果。要适当多吃些滋阴润肺的食品，如梨、百合、木耳、萝卜、芝麻等。

2. 注意保暖

寒颤时可用暖水袋或电褥等保暖，高热时可用酒精擦浴及在头部放置冰袋，予以降温。多饮水，以补充发热、出汗和呼吸急促丢失的水分，并利于痰液排出。

3. 保持空气清新

肺炎是呼吸道疾病，所以应该保持居室空气清新、流通，谢绝患有呼吸系统疾病的人探望，避免交叉感染。不要在室内抽烟。室温应保持在18℃左右，湿度保持在35%~40%。

4. 卧床休息

重患者要卧床休息，注意保暖，环境要清洁、安静、舒适，室内光线应充足，温度适宜。创造一个良好的休息环境，有助于病情的恢复。

5. 采取侧卧

有胸痛时，最好采取侧卧位，目的是减少胸廓的活动以减轻疼痛，在咳嗽、深呼吸时用手或枕头压紧胸壁，也可减轻疼痛。

6. 要注意咳嗽和咳痰

咳嗽、咳痰对机体可起到自净和防护作用，因此肺炎患者不能盲目止咳，应每隔1小时进行一次深呼吸和有效咳嗽。

治愈后的患者，在恢复期还应注意采取措施，促进机体彻底康复，如增加休息时间；坚持深呼吸锻炼至少4~6周，这样可以减少肺不张的发生；还要避免呼吸道刺激，如吸烟、灰尘、化学飞沫等；尽可能避免去人群拥挤的地方或接触患有呼吸系统疾病的患者。

结膜炎

结膜炎是眼科的常见病，俗称红眼病。发病眼部有异物感、灼热或灼痛感，结膜囊瓢，脓性分泌物较多，伴有眼睑水肿、球结膜水肿。此病本身对视力影响一般并不严重，但是当其炎症波及角膜或引起并发症时，可导致视力的损害，甚至失明。

结膜炎多由细菌或病毒感染所引起，或是由于对环境因素比如眼部化妆品、花粉或者其他致敏源过敏所致。病毒性结膜炎通常是伴随感冒或者其他上呼吸道感染之后发生的。细菌性结膜炎具有很强的传染性，当人们用手指揉眼睛时极易传播。在雾霾天，空气中的灰尘及有害的化学物质等很容易附着眼睛黏膜上，引发结膜炎。

因此，铁路职工在雾霾天要做好结膜炎的预防和护理工作。

结膜炎的预防

1.注意个人卫生

本病具有很强的传染性，可造成广泛流行，故应注意个人卫生，特别是用眼卫生。要养成勤洗手的好习惯，不要用脏手揉眼睛，要勤剪指甲。

2. 防传染

身边人患有急性结膜炎时，所有的洗漱用具都必须严格分开，不可共用脸盆和毛巾。

3. 远离过敏原

慢性结膜炎中过敏性结膜炎占很大比重。容易引起过敏的物质包括花粉，尘螨，某些食物，如芒果、海鲜等。因而过敏性体质的人群，应在日常生活中注意远离过敏原。

4. 保护眼睛

无节制用眼或不合理用眼可能造成眼表泪膜损伤，失去正常保护，易受细菌、病毒等感染，且炎症因子持续作用，致慢性结膜炎反复不愈。平时要注意保护眼睛，要避免光和热的刺激，不要在强光和光线不足的地方看书，不要长时间看电视，出门时可戴太阳镜，避免阳光、风、尘等刺激。

5. 游泳戴泳镜

游泳池水中的氯会引起结膜炎，但若不加氯，将滋生细菌，也可能引起结膜炎，所以在游泳时应戴上泳镜。

结膜炎的护理

1. 避免刺激性的因素

急性结膜炎可因风、烟、灰尘、强光、刺激性气体的长期刺激而转变为慢性结膜，因此要尽可能避免这些刺激。

2. 忌食辛辣热性食物

患病期间忌食葱、韭菜、大蒜、辣椒、羊肉、狗肉等辛辣、热性刺激食物。

3. 当心流行季节

流行季节可用消炎眼药水滴眼，或用1%～2%冷盐水洗眼，以保持眼部卫生。亦可用菊花、夏枯草、桑叶等煎水代茶饮。

4. 不要戴隐形眼镜

角膜炎患者不要戴隐形眼镜，因为隐形眼镜不仅会刺激眼睛，还会将细菌堵在眼睛里，加重病情。

5. 防止健眼污染

当一眼发病而另一眼尚未感染时，应防止健眼污染。对患眼滴眼药时，应偏向患侧，睡觉时亦应如此，以防分泌物流入健眼，使健眼受到传染。

6. 适当休息

患病以后，一定要让眼睛得到充分的休息，避免熬夜或长时间用眼工作。如眼痒，不可用手揉眼，以免结膜的肥大细胞释放组胺而致小血管扩张，产生红、肿、痒的症状。

7. 分泌物多可冲洗眼

结膜患眼分泌物较多时，可用生理盐水或0.3%的硼酸水冲洗眼结膜，一日2～3次。

 温馨小贴士

病后应调整心态，正确认识疾病，遵医嘱合理用药，过分依赖眼药水或滥用眼药水都可能导致疾病反复。

高血压

高血压是以体循环动脉压升高为主要表现的临床综合征，分为原发性高血压和继发性高血压，在高血压患者中前者占95%以上，后者不足5%。我国是高血压大国，目前高血压患者已达1.5亿以上。

在雾霾天里，人的心脑血管都会受到一定的影响，因此铁路职工要注意高血压的预防和护理。

高血压的预防

1. 限盐饮食

研究发现，长期高盐饮食可导致高血压。因此，限盐减少钠的摄入是预防高血压的主要内容之一。世界卫生组织建议，一般人群每日摄盐量应控制在6克，而我国日常生活中人们膳食的含盐量多为10～15克，因此，应力求减少日常盐摄入的50%，严格控制在6克左右。

2. 补钾补钙

专家指出，补充钾的摄入通过促进钠排泄，抑制钠的升压效应而产生降压作用。因此，补充钾的摄入对高血压预防确有效果。可通过在日常生活中多食用含钾丰富的食物来增加钾的摄入。

3. 减轻体重

肥胖是高血压的重要因素之一。因此，将体重控制在标准范围内，无疑是预防高血压的有效措施。减重方法应是限制热量摄入和增加体力活动消耗热量，而目前没有减肥特效药，因此最有效的措施就是节食和运动。

4. 尽量不饮酒

饮酒被认为是高血压的危险因素。血压水平及高血压患病率与各种饮酒剂量呈正比相关，随饮酒量的增加而升高。研究表明，重度饮酒者或每日饮酒者比不饮酒者或少饮酒者高血压患病率高出1.5～2倍。所以，预防高血压应尽量不饮酒。

5. 保持精神愉快

研究发现，紧张、焦虑、失眠、激动、暴怒等会引起周身小动脉持续性收缩痉挛，使体内肾上腺素、儿茶酚胺等分泌过盛，导致血压持续升高或波动，时间一久易引发高血压病，因此，保持愉悦的心情，控制易怒情绪对预防高血压病有利。

6. 进行体力活动

体力活动与高血压关系极为密切，体力活动少者发生高血压的危险性是经常参加体力活动者的1.5倍。体力活动分无氧运动和有氧运动。而有氧运动如快走、跑步、游泳、登山、骑自行车、滑雪等，具有明显的降压作用。

高血压的护理

1. 定期测血压

高血压患者需要定期测血压，以便随时掌握自己的血压情况，更好地控制血压。高血压未控制期及加药换药期间，要每天测量一次。血压逐渐稳定后改每周测量一次。坚持每天服降压药，血压稳定后每月测量1～2次即可。

2. 合理用药

要知道所服降压药的主要成分和用量，以利于调整到适宜的血压范围，切忌服用不了解的药物，也不要随意添加或停用药物。

3. 减少饮酒

少量饮酒能扩张血管，改善血液循环，有助于降压，但过量饮酒会引起交感神经兴奋，心排血量增加，导致血压升高。

4. 不要猛用力

高血压患者在平时一定要注意动作不要过快过猛，以免发生意外。比如，不要举重物，不要猛得做下蹲起立的动作；在运动时注意力度，不要超负荷运动；爬楼梯时不要急，不要一口气上楼。

5. 洗澡要注意

对于高血压患者来说，洗澡也是有讲究的。洗澡的时候，皮肤会受到热水的刺激，毛细血管也在此时自然扩张，这就容易引起血压升高。因此，洗澡的时候患者要注意水温不要太高、时间不宜过长，并且空腹和饭后不要洗澡。

6. 避免噪音

在安静的环境中，人们能够放松身心，得到充足的休息，而一旦处在高分贝的噪声环境中，不仅睡眠会受到影响，身体的生理功能也会产生变化，容易心烦气躁，引起血压升高。

 温馨小贴士

预防高血压，要做到早预防、早发现，关键在于要有预防保健的常识，要有健康合理的生活方式。

心脏病

心脏病是威胁人类健康的杀手之一。心脏病包括先天性心脏病、高血压性心脏病、风湿性心脏病、心肌炎等各种心脏疾病。高发人

群包括：45岁以上的男性、55岁以上的女性、吸烟者、高血压患者、糖尿病患者、高胆固醇血症患者、有家族遗传病史者、肥胖者、缺乏运动或工作紧张者等。

心脏是人体最重要的器官之一。无论是哪种心脏疾病，都会对患者的生命构成威胁，尤其是在污染严重的雾霾天里。对于心脏病，除了要积极治疗以外，铁路职工在日常生活中也应该做好预防和护理工作。

心脏病的预防

1. 控制体重

肥胖者患心脏病的比例远远高于正常体重的人。研究发现，老年人的体重减轻3～5千克，心脏状况就会有很大改善。因此，铁路职工应积极控制体重，通过平衡饮食和锻炼逐渐达到减肥的目的。

2. 坚持运动

研究表明，经常运动能有效降低心脏病的发病率。经常运动的人中患高血压病的概率要比不经常运动的人少30%～50%，可见坚持运动对降低血压的作用是功不可没的。

3. 尽量戒烟

吸烟者患心脏病的比例是不吸烟者的2倍。研究发现，戒烟2～3年后，患心脏病的风险就会降至与不吸烟者一样的水平。

4. 注意饮食

平时生活中坚持吃低脂肪食品，如瘦肉和低脂乳制品等。

5. 要适量饮酒

一周喝3～9杯酒对心脏有好处。但要注意别贪杯，因为饮酒过度会引发心脏病。

6. 当心糖尿病

有糖尿病的人患心脏病的比例是正常人的4倍。因此，要定期体检，对糖尿病"早发现，早治疗"。

7. 控制情绪

脾气暴躁，遇到突发事件不能控制自己，也容易诱发心脏病。

心脏病的护理

1. 环境安静舒适

保持室内环境安静舒适、空气新鲜，冬天注意保暖，预防呼吸道感染。一般患者采取高枕位睡眠，较重者采取半卧位或坐位，可减少夜间呼吸困难的发生。

2. 清淡饮食

饮食要清淡，以易消化的食物为主，可以多吃富含纤维素的食物，保持大便的通畅。少刺激，禁食辣椒、浓茶或咖啡等。限制每天的食盐量。严重水肿时应少喝水。

3. 不要吃得过饱

三餐进食过饱，胃壁扩张，会使肺内压力升高，导致心脏代谢增加，容易诱发致命性的心肌梗塞。

4. 控制钠盐摄入

心脏病患者钠盐摄入量应控制在6g以下，而病情严重者应限制在每日不超过3 g。

5. 适当运动

运动能够增强心肌功能，所以患者在心功能允许的情况下可以适当运动，比如散步、练气功等，这可以预防感冒，避免感染。

6. 忌频繁起夜

心脏患者半夜起夜有危险。

7. 劳逸结合

平时注意劳逸结合，睡眠充足，在医生指导下适当参加力所能及的工作和家务。要注意稳定情绪，精神愉快，避免紧张激动，以免使病情加重。

 温馨小贴士

研究发现，每天至少喝5杯白开水的女性，其心脏病的死亡率比每天最多仅喝2杯水的女性要低41%。水对男性心脏的保护比女性更大。每天喝大量水的男性，其心脏病死亡率比其他人要低54%。

冠心病

冠心病是由于冠状动脉功能性改变或器质性病变引起的冠脉血流和心肌需求之间不平衡而导致的心肌损害。本病的基本病变是供应心肌营养物质的血管——冠状动脉发生了粥样硬化，故其全称为冠状动脉粥样硬化性心脏病，简称冠心病。

冠心病的预防

1. 控制饮食防肥胖

控制饮食的总热量，防止肥胖。从食物中摄入的热量以维持正常体重为度，40岁以上的人尤应预防肥胖。超过正常标准体重者，应减少每日进食的总热量，并限制酒和蔗糖以及其他含糖食物的摄入。提倡饮食清淡，多食富含维生素（如新鲜蔬菜、瓜果）和植物蛋白（如豆类及其制品）的食物。尽量食用植物油。

2. 适当的体育锻炼

适当参加体育锻炼，对预防肥胖、锻炼循环系统的功能和调整血脂代谢均有益处，是预防冠心病的一项积极措施。体力活动量应根据自己的身体情况、体力活动习惯和心脏功能状态而定，以不过多增加心脏负担和不引起不适感觉为原则。体育锻炼要循序渐进，不宜勉强做剧烈活动，对老年人提倡散步、做保健操、打太极拳等。

3. 合理安排工作和生活

生活要有规律，心态要平衡，保持乐观、愉快的情绪，避免过度劳累和情绪激动，注意劳逸结合，保证充足睡眠。

冠心病的护理

1. 重视精神护理

对被诊断为冠心病的患者，要稳定情绪，消除担惊受怕的心理，避免过分激动、忧伤以及受到任何不良刺激，要保持精神愉快，须知重视养生之道，仍可延年益寿。当然也要根据医护人员的指导，按时服药治疗，定期复查。

2. 适度休息

一般情况，患者不要绝对卧床，但要养成良好的起居习惯，保证充足的睡眠，还要根据病情轻重进行适当的体育锻炼，如散步、慢跑、做广播操、打太极拳、做气功等，以舒筋活血，增强体质。

并可参加一些文娱活动和力所能及的工作或家务，以增加其生活乐趣，使精神得到调节，促进身心健康。

3. 保证合适饮食

冠心病患者饮食宜清淡，易消化。可食用适量蛋白质食物，限制糖和脂肪的摄入。进食不宜过饱，以减轻心脏负担。禁忌刺激性食物如辣椒、咖啡。烟、酒会导致内脏功能的损害，尤应禁用，但适量饮茶对冠心病患者有益无害。

4. 注意防止便秘

要特别注意防止因便秘而用力屏气排便，以免加重心脏负担，甚至引起心跳突然停止而死亡。平时可通过多吃蔬菜、水果、蜂蜜以保持大便通畅；如有秘结，可用轻泻剂，亦可用开塞露塞肛或甘油灌肠。

5. 注意御寒保暖

在寒冷、潮湿和大风天气，冠心病发病率高。在高发季节里，冠心病患者应注意御寒保暖，减少户外活动，以防疾病发生。

6. 坚决戒烟

烟草中的尼古丁能刺激交感神经，使心率加快，血压上升，可导致心律不齐和心电图改变；吸入的一氧化碳，会阻碍血液中氧的运输，而使进入心肌的氧减少，能引起心绞痛发作，故应坚决戒烟。

7. 定期检查

要定期去医院检查，最好能固定一家医院检查，以便监测病情和及时处理；要按照医嘱坚持系统服药。

8. 常备家用保健盒

保健盒要随身携带，以便急救。盒内应有硝酸甘油、长效硝酸甘油、亚硝酸异戊酯、潘生丁和安定片等药品。如半年未用完，则需更换。其中亚硝酸异戊酯为安瓿，用时放在手帕里压碎后放在鼻子边吸入，10 ~ 30秒即可生效。

 **温馨小贴士**

冠心病患者一旦发生心肌梗死，应就地躺下休息，不要随意移动，同时应立即呼救；舌下含服硝酸甘油或消心痛，等待救援人员的到来。

心绞痛

心绞痛是冠状动脉供血不足，心肌急剧的、暂时的缺血与缺氧所引起的临床综合征。主要表现为阵发性前胸压榨性疼痛，有时放射至左颈、左肩和左臂。常发生于劳动或情绪激动时，持续数分钟，休息或用硝酸甘油片后消失。

发病原因是冠状动脉粥样硬化引起冠脉管腔狭窄，冠心病会增加患心肌梗死的风险。雾霾天气下，污染物增多，其通过呼吸进入血液后，会影响血液循环。因此，在雾霾天里，铁路职工要注意预防心绞痛。

心绞痛的预防

1.合理饮食

平时合理饮食，不要摄入过多的高胆固醇、高脂肪食物，常吃素食。同时要控制食物的摄入量，限制体重增加。饮食宜少量多餐，食用清淡易消化的食物，肥胖者应限制食量。

2.生活有规律

生活要有规律，应注意避免过度紧张；要保持足够的睡眠，培养多种情趣；保持情绪稳定，切忌急躁、激动或闷闷不乐。

3.控制血压、血脂

高血压、高血脂、冠心病等是导致心绞痛的重要疾病，将血压和血脂控制在正常范围之内有助于预防心绞痛。

4.注意节制生活

生活要有规律，注意劳逸结合，尽量少搓麻将，对高度注意力集中的工作，不宜持续时间过长。平时心情要开朗，适当参加广播操、打太极拳、练气功等体育锻炼。不要熬夜，夜间不要看球赛或惊险影视剧。

心绞痛的护理

1.注意饮食

饮食易选低脂肪、低胆固醇、高维生素、易消化的清淡饮食，应少量多餐，不宜过饱。食后不应立即活动，因活动可加重心脏负担，诱发心绞痛。

2.禁烟酒

禁止饮酒、吸烟。因烟碱刺激心肌组织释放儿茶酚胺，引起心率加快。注意室温适宜，因冷与热会增加心脏负担，诱发心绞痛的发作。

3.不要抬重物

患者不要搬抬过重的物品，搬抬重物时必然弯腰屏气，这对呼吸、循环系统的影响很大，会导致心绞痛的发作。

4.防止夜间发作

心绞痛患者有时易在夜间发作，因此睡眠时要注意：睡前避免看有刺激性或凶险情节的小说或电视，以免做噩梦；睡前最好喝一杯热牛奶；睡前可做半小时的轻松锻炼；夜间睡眠时不要将窗户完全关死；睡眠时最好头部略高于脚部，以减少静脉血回流量，减轻心脏负担。

5.洗澡要注意

不要在饱餐或饥饿的情况下洗澡；水温不要太高，最好与体温相当；洗澡时间不宜过长。

6.当心气候变化

在严寒或强冷空气影响下，冠状动脉可发生痉挛并继发血栓而引起急性心肌梗死，而气候急剧变化，气压低时，冠心病患者会感到明显的不适。

7.正确服药

应在医生指导下，正确选用药物，并坚持服用，这是防止心绞痛发作的重要方法。心绞痛患者要定期或者随时复诊，发现新的不适症状，要及时与医生沟通，从而改变给药计划。

 温馨小贴士

心绞痛发作应立即停止一切活动，就地休息，使心情平静，将随身携带的药物如硝酸甘油舌下含服，通常情况下1～2分钟即可见效。硝酸甘油每5分钟可重复1片，直至疼痛缓解。应注意的是，如果15分钟内总量达3片后疼痛持续存在，应立即就医。

心肌梗死

心肌梗死是由于冠状动脉发生急性闭塞，血流被阻断，部分心肌缺血坏死而引起的。患者有持久的胸骨后剧烈疼痛，疼痛可持续半小时以上或数小时甚至1～2天，经适当休息或口服硝酸甘油多不能缓解。患者发病突然，多伴有呕吐、大汗淋漓、四肢厥冷、紫绀、血压下降等症状。

心肌梗死的基本病因是由冠状动脉硬化所致，少数也可由冠状动脉栓塞、冠状动脉痉挛等引起。患者发病前多有明显诱因，如情绪激动、过劳、精神紧张、饱餐、手术、感染等。少数可于睡眠中发生。以往有高血压或心绞痛病史者，更易发生心肌梗死。

心肌梗死的预防

1. 控制血压、血脂

患有高血脂、高血压、糖尿病的中老年人积极进行降血脂、控制血压、降血糖的治疗，可降低心肌梗死的发生率。

2. 保持大便通畅

便秘患者在用力排便时，腹腔内压力会突然升高，这会影响心肌的血液供应，诱发心肌梗死。并且不可突然搬动重物，以免用力过猛引发心肌梗死。

3. 戒烟

烟中的尼古丁等物质可促使冠状动脉发生痉挛，诱发心肌梗死。因此，戒烟可降低心肌梗死的发生率。

4. 注意饮食

限制脂肪的摄入量，少吃奶油、肥肉等油腻食物，多吃一些糙米、蔬菜和水果等。

5. 规律生活

生活要有规律，注意劳逸结合，保证充足的睡眠，不要熬夜。进行适度锻炼，增强体质，提高机体的抗病能力。

6. 良好心态

注重心理平衡，尽力避免过度紧张、激动、焦虑、抑郁等不良刺激。

心肌梗死的护理

1. 清淡饮食

要吃易消化、产气少，含适量维生素的食物如青菜、水果、鱼和肉等。每天保持必需的热量和营养，少食多餐，避免暴饮暴食而加重心脏负担。

2. 勿喝酒及咖啡

酒、咖啡、香烟及其他刺激性物质，均应剔除。尽量少喝饮料。

3. 精神愉快

平时患者精神上要保持舒畅愉快，消除紧张恐惧心情，注意控制自己的情绪，不要激动。

4. 坚持康复锻炼

根据病情、体质及年龄情况等选择适宜的康复锻炼项目，如步行、慢跑、打太极拳、骑自行车等。活动量适宜，以运动后不出现胸痛、呼吸困难、心悸、头晕为原则。

5. 自我监测

康复患者要学会自我监测，如运动前后的脉搏情况，自我感觉等。注意观察病情，当突然发生严重心绞痛或出现呼吸困难、咳嗽、心悸、脉搏加速等症状，应立即去医院诊治。

6.坚持服药

严格按医生处方服药，不可擅自做主停用药物，并定期复诊。每年至少做1次心血管疾病专科检查，以评价康复疗效，调整用药。

7.急救措施

急性发作时，患者应就地安卧，不要翻身，保持安静和情绪平和，周围的人也不要大声说话，并尽量减少搬动患者。千万不要让患者步行到医院，如急送患者至医院，人背、车拖，一路颠簸，易使病情恶化。

 温馨小贴士

当急性心肌梗死发生时，患者自觉胸骨下或心前区剧烈而持久的疼痛，同时伴有面色苍白、心慌、气促和出冷汗等症状。此时应平卧休息，不要走动。若身边无救助者，患者应立即呼救，拨打"120"急救电话或附近医院电话。在救援到来之前，可深呼吸然后用力咳嗽，以便为后续治疗赢得时间。

脑卒中

我国是世界上脑卒中发生率最高的国家之一。脑卒中主要是脑部血管阻塞、破裂，造成缺氧所引起，其突发性很强，在清醒状态或睡眠状态都有可能发生。由于脑卒中发生在人体最重要的器官：

大脑或小脑，所以会对患者的生命安全造成直接的威胁。在人类的"死亡谱"上，脑卒中的死亡人数已高居"榜首"，并且发病呈现年轻化的趋势。

脑卒中的预防

1. 及时治疗相关疾病

脑卒中患者多数患有高血压、高血脂、糖尿病、冠心病、动脉硬化等。所以为了避免脑卒中的发生，应及时地对这些疾病进行治疗。中年以后最好能经常量血压。早期控制，并根据量得的血压，作为饮食与药物控制的参考。心脏病患者可以选用适量的抗凝血剂以减少心房颤动造成的脑卒中。糖尿病方面，糖尿病患者应了解饮食控制的重要性。在身体不对劲的时候，马上测血糖，若是血糖太低，赶快喝甜的饮料或吃糖果，即可好转。

2. 避免抽烟喝酒

抽烟的人，应尽量戒烟，抽烟不仅增加脑卒中的机会，也增加心脏病、肺癌及多种癌症的危险性。饮酒不要过量，这不仅会增加中风的机会，也会对肝脏造成一定的损害，造成小脑萎缩，并且容易发生意外事故。

3. 坚持低脂饮食

平时不吃或少吃动物油、蛋黄、动物内脏等富含高胆固醇的食物，常吃些有降脂作用的食品，如大豆、绿茶、生姜、黄瓜、洋葱、香菇、葡萄、海带、黑木耳、燕麦、荞麦、小米等。

4. 保持情绪的稳定

有一部分脑卒中是由剧烈的喜、怒、忧、思、悲、恐惊等精神刺激引起的。因此平时尽量做到不发怒，不过度伤心，不激动，不惊恐、不忧郁、不急躁，要避免消极负面情绪对自己的影响，保持心情的淡泊、宁静。

5. 劳逸结合

引发脑卒中的一个因素就是过度劳累，所以在平时的生活中要注意劳逸结合，防止长时间过度疲劳，防止长时间超负荷运动，防止过度用脑。生活有规律，适当参加一些体育锻炼和娱乐活动。

脑卒中的护理

1. 注意饮食

脑卒中偏瘫患者胃肠功能较差，易出现食欲缺乏、便秘或呕吐腹泻，宜食清淡、易消化而富有营养的食物，多吃些新鲜蔬菜、水果及豆制品。忌食过咸、过甜及辛辣、油腻等食物，使大便保持通畅。

2. 进行康复训练

应在康复师指导下及早帮助患者进行语言训练及瘫痪肢体运动功能康复。防止瘫痪侧肢体肌肉萎缩或关节强直，以促进早日恢复语言和运动功能。

3. 预防并发症

对卧床的患者要常翻身拍背、预防褥疮、肺炎等并发症的发生。

4. 树立信心

患者要树立战胜疾病的信心，家属要有耐心，细心关照患者，让患者心情开朗，消除顾虑，保持乐观情绪，勇敢面对现实。

5. 患者呕吐时

此时让其脸朝向一侧，让其能较顺利地吐出呕吐物。抢救者应用干净的手帕缠在手指上伸进口内清除呕吐物，以防堵塞气道。装有义齿者，要取出义齿。

6. 患者抽搐时

此时应迅速清除患者周围有危险的东西，用手帕包着筷子放入患者口中，以防抽搐发生时咬伤舌头。无筷子时也可用手帕卷着，垫在上下牙之间。抽搐看起来很可怕，但片刻后会自然缓解。

 温馨小贴士

老年人是中风的高发人群，人群监测资料显示，55到75岁之间的发患者数最多，占总发病率的64%，其中55~65岁的发病率最高，达到了34.6%，45岁以下发病的比例占4.4%。因此，55岁以上人群应该加强预防，防患于未然。

附 录

雾霾防护
常识十三问

1. 什么是霾？

霾是悬浮在大气中的大量微小尘粒、烟粒或盐粒的集合体，使空气浑浊，水平能见度降低到10公里以下的一种天气现象。霾一般呈乳白色，它使物体的颜色减弱，使远处光亮物体微带黄红色，而黑暗物体微带蓝色。根据北京市疾控中心2013～2015年相关研究发现，雾霾主要成分有水溶性无机离子（硝酸盐、硫酸盐和铵盐离子等）、金属和类金属（铅、镉、砷等）、碳类物质（有机碳和无机碳）等。

2. 雾霾对人体有影响吗？

雾霾对人体是有影响的！据资料显示，雾霾对人体的影响一般分为直接影响和间接影响。

直接影响：主要是大气污染物浓度在短时间内急剧增高时，人群可因大量吸入污染物而造成急性危害，出现呼吸道和眼部刺激症状，如咳嗽、咽喉痛、头痛等症状；如果长期接触会引起慢性炎症、机体免疫力下降、过敏等。

间接影响：可通过长期的间接效应，如通过影响太阳辐射和微小气候、产生温室效应、破坏臭氧层、形成酸雨等影响我们的健康。

3. 雾霾天气为什么要减少外出活动？

经北京市疾控中心2013～2015年相关研究表明：在门窗密闭的情况下，严重雾霾天气室内PM2.5浓度要低于室外浓度三至四成，因此建议雾霾天气时要尽量减少户外活动，尤其要减少户外运动的时间和强度。

4. 雾霾来了要不要戴口罩？如何选择？如何正确佩戴口罩？

雾霾天如果必须出门，佩戴口罩是最主要的防护措施。任何口罩都有一定的防护作用，但建议选择防护性好的口罩。

根据国家标准，口罩的防护级别由低到高分为四级：D级、C级、B级、A级，分别对应不同的空气质量情况。A级对应"严重污染"，在PM2.5浓度达500微克/立方米时使用；D级对应"中度及以下污染"，适用于PM2.5浓度小于等于150微克/立方米的情况。

口罩使用时应遵照其使用说明佩戴。佩戴时必须完全罩住鼻、口及下巴，保持口罩与面部紧密贴合，密闭性越好，防护效果越佳。

5. 佩戴口罩时应注意哪些事项？

不是每个人都适合佩戴口罩。口罩的密合结构和过滤材料会增加呼吸阻力，降低舒适感。不同人群佩戴口罩要注意：孕妇佩戴防护口罩，应注意结合自身条件，选择舒适性比较好的产品，如配有呼气阀的防护口罩，降低呼气阻力和闷热感；儿童处在生长发育阶段，而且其脸型小，一般口罩难以达到密合的效果，建议选择正规厂家生产的儿童防护口罩；老年人、慢性病患者及患有呼吸系统疾病等特殊人群佩戴口罩时建议应在专业医师指导下使用。

口罩不适合长时间佩戴，一方面口罩外部吸附了颗粒物等污染物，造成呼吸阻力的增加；另一方面口罩内部也会积累呼出气中的细菌、病毒等。长时间呼吸不到新鲜空气，会使人自身免疫力下降。

非一次性口罩佩戴要注意定期清洗，更换滤膜，不戴时要妥善保存。

6. 雾霾天气户外活动回家后，如何注意个人卫生？

雾霾天气外出活动后，衣服、口鼻、裸露的皮肤都会附着雾霾中的大量污染物，可持续对健康造成危害。因此建议外出回家后及时脱掉外衣、洗脸、洗手、洗口鼻，减少污染。

7. 为什么儿童和老人要更加注意雾霾防护?

儿童正处于生长发育阶段，对环境比成人更加敏感；老人机体抵抗力低，通常患有基础病，雾霾中大量的灰尘、颗粒会刺激呼吸道，容易引起呼吸道刺激症状，所以儿童和老人更要注意雾霾的防护。

8. 雾霾天气出现咳嗽、咽喉痛等症状怎么办?

雾霾天气人群大量吸入污染物造成的急性危害主要表现为呼吸道和眼部刺激症状，如咳嗽、咽喉痛、眼部红肿流泪等，建议必要时对症治疗，以缓解症状。建议有基础病的敏感人群，雾霾天减少户外活动的同时也要减少到人多拥挤、空气污浊的场所，注意个人卫生，勤洗手，注意随时增减衣物，以保持良好的身体状况。

9. 家庭如何挑选空气净化器?

空气净化器对净化空气有一定的作用。挑选时要注意以下三点。

第一要明确使用目的，要选购对PM2.5有净化效果的净化器。

第二要关注净化器的性能指标，根据国家标准，一台真正有效的空气净化器要做到能效指标"三高一低"。

（1）高洁净空气量：洁净空气量（CADR）是净化器的净化效果指标，CADR值越大，净化器的净化能力越强，净化效果越好。

（2）高累计净化量：累计净化量（CCM）值越高，净化的污染物越多，滤网寿命越长。

（3）高能效值：能效水平越高，越省电。

（4）低噪音量：仪器工作噪音一般低于50分贝属于相对安静的，选购时可以观察样机进行直观感受。

第三空气净化器要达到净化效果，必须根据房间面积、净化器的功率和净化效率等情况，持续开启一定时间后才能有效降低室内污染物的污染程度。在购买时需留意产品说明书，一般在产品说明书上都注明了空气净化效果检测单位出具的检测报告或合格证明。未给出实验条件，表述过于简单甚至绝对化的产品要慎重购买。

10. 空气净化器使用应该注意那些事项？

空气净化器在使用过程中应注意观察净化效果，建议按照产品说明更换或清洗过滤材料。如果发现净化效果明显下降或者开启空气净化器以后发现有异味，就要及时更换过滤材料和清洗过滤器。而且空气净化器中的净化材料也是有使用寿命的，为避免造成二次污染，应根据污染程度和使用时间及时更换。室内污染较重时，可以提高滤料的更换频率。更换空气净化器内部材料时要做好自我防护，如更换滤网时要佩戴手套和口罩，防止更换过程中接触和吸入被截留的有害物质。

11. 吸烟对室内空气有影响吗？

室内吸烟对室内空气影响较大，据北京市疾控中心实验数据表明，在30立方米实验舱中，燃烧1支香烟，室内PM2.5浓度就可达500微克/立方米以上。因此，建议避免雾霾天气时在室内吸烟。

12. 雾霾天气时家庭如何合理烹饪？

居家烹饪也是室内PM2.5的一个重要来源。根据北京市疾控中心相关研究表明，厨房（门窗关闭）中采用煎、炒、炸等烹饪方式，即使开启油烟机，其瞬间PM2.5浓度也可突破800微克/立方米，并可在一定程度上扩散至客厅、卧室等。而采用蒸、煮烹饪方式时厨房内PM2.5浓度变化不大。因此建议在雾霾天气做饭时，应关闭厨房门，并开启油烟机；天气重污染期间，尽量采用蒸、煮的方式；完成烹饪后，应继续开启油烟机5～15分钟。

13. 雾霾天气时要如何注意居室环境卫生？

雾霾天气时人类室内活动增多，在门窗关闭的情况下，可使室内PM2.5浓度逐步上升。因此，建议在重污染天气居室清扫宜采用湿式清扫法，使用沾湿的墩布、抹布等进行室内清洁，并适当增加频次。如果雾霾散去应及时开窗通风最少15分钟以上。